高等师范院校"双创"教师教育系列教材

# 游戏策划与设计

乔凤天　主编

科学出版社

北　京

# 内 容 简 介

　　本书介绍了游戏策划与设计的基本原理，通过诸多实例讲解了游戏界面、游戏声音、游戏程序和游戏引擎的基础知识。同时介绍了游戏制作的相关软件，并通过一系列的案例使读者熟悉图像处理软件Photoshop、CorelDRAW，音频制作软件 Audacity、SoundBug，图形化程序设计语言 Mind+以及游戏引擎"唤境"。本书可以增进读者对教育游戏的理解，通过具体的案例拓展制作教育游戏和数字化学习资源所需具备的知识与技能。

　　本书可作为师范专业专科生、本科生的相关教材及研究生的参考书，也可作为中小学及幼儿园教师的培训教材。

**图书在版编目（CIP）数据**

游戏策划与设计 / 乔凤天主编. — 北京：科学出版社，2022.10
高等师范院校"双创"教师教育系列教材
ISBN 978-7-03-073510-2

Ⅰ. ①游⋯　Ⅱ. ①乔⋯　Ⅲ. ①游戏程序-程序设计-高等学校-教材
Ⅳ. ①TP317.6

中国版本图书馆 CIP 数据核字（2022）第 190404 号

责任编辑：潘斯斯/ 责任校对：王　瑞
责任印制：张　伟 / 封面设计：迷底书装

科 学 出 版 社 出版
北京东黄城根北街 16 号
邮政编码：100717
http://www.sciencep.com
**北京九州迅驰传媒文化有限公司** 印刷
科学出版社发行　各地新华书店经销
*
2022 年 10 月第 一 版　　开本：720×1000　1/16
2023 年 12 月第二次印刷　　印张：12 1/2
字数：251 000

**定价：69.00 元**
（如有印装质量问题，我社负责调换）

高等师范院校"双创"教师教育系列教材

# 《游戏策划与设计》

# 编 委 会

主　任：臧　强　孙　彤

编　委：刘　锐　　祝杨军　　黄　丹　　王婧潇

编写组：乔凤天　吴　陶　　王晓春　　鲁　艺

　　　　阮　婷　　郑海昊　　乔凤阳　　鲁子嘉

　　　　余国香　李伊欣　　张诗芸　　尚　晶

　　　　尹雅倩　王佳佳　　许晓璐　　赵　佳

　　　　陆　巧

# 总　　序

　　创新创业是国之大计、时代潮流。创新是民族进步之魂，是引领发展的第一动力，是建设现代化经济体系的战略支撑；创业是就业富民之源。推动大众创业、万众创新是释放民智民力、保持经济稳定增长、避免经济出现"硬着陆"的重要举措，是经济转型升级的新引擎。2015 年 5 月，国务院办公厅印发《国务院办公厅关于深化高等学校创新创业教育改革的实施意见》（国办发〔2015〕36 号），指出"深化高等学校创新创业教育改革，是国家实施创新驱动发展战略、促进经济提质增效升级的迫切需要，是推进高等教育综合改革、促进高校毕业生更高质量创业就业的重要举措"。高校是"双创"教育的重要主体，高校"双创"教育的主要目标是唤醒学生的创新创业意识，培养创新创业精神，训练创新创业思维，让学生学会创新创业技能，探索完善"双创"培养体系，使之有效适应经济发展新常态，高效衔接国家就业新政策，不断满足"双创"时代人才培养新要求。"双创"教育改革推进者不断提升顶层设计新高度，始终紧密围绕综合提升人才培养质量前行。

　　高等师范院校的学生是未来教育教学改革的主要承担者，更是教育的传承者，这种双重身份的特性决定了推动"双创"教育的特殊意义。一方面，高等师范院校为在校生提供优质的创新创业教育。创新是大学教育的灵魂，大学人才培养、科学研究都以创新活动为主要途径，以知识创新乃至文化创新为目标。大学中的创新创业教育应当是一种全新的教育理念和模式，核心理念是面向全体学生、结合专业教育和融入人才培养全过程，基本目标是全覆盖、分层次和差异化，努力实现面向全体与分层施教紧密结合、在校教育与继续教育密切衔接、素质教育与职业教育统筹兼顾。另一方面，高等师范院校开展"双创"教师教育，为基础教育系统培养合格的"双创"师资。因此，高等师范院校围绕立德树人这一根本任务，致力于培养德才兼备，专业素质和综合素质优良，具有国际视野的创新型、复合型、应用型优秀人才。同时，考虑到师范生的思维转型与未来基础教育的质量和走向密切相关，应健全师范生"双创"教育课程体系，内化培养创新思维与工匠精神，外化突出创业实践与"双创"能力，使其未来成为适应新形势、新需要的优秀教师。这些不仅是其未来社会角色的内在需求，更是实现个人价值、进行教育教学改革的实力和动力。

　　"双创"教育的目标之一是培养 STEM①人才。STEM 教育要求学生手脑并用，注重实践、注重动手、注重过程，并基于创新意识，结合动手实践和探索真正唤醒学生的创造潜能。以问题为导向，不用僵化的思路解决问题，而是尝试通过不同的方法和思路进行探索，用工程技术验证想法，从而强化创新意识。与此同时，开展"双创"教师教育具有重大的现实意义，加强教师创新创业教育意识，提升教师创新创业教育能力，使其能够通过理念、内容、教法的创新变革，实现专业教育与创新创业教育的充分融合，培育创新创业人才。

　　在知识经济时代，STEM 人才是创新型国家建设、提升全球竞争力的关键。美国等发达国家在 STEM 教育领域起步较早，理念先进，不断加大投入，已经形成了较为完整、成熟的体系，取得了实效，如美国政府为扩大 STEM 教育规模并提升其质量做出了重大贡献，投入大量资金、人力和基础设施，力求为市场输送大批优秀 STEM 领域的毕业生。英、美等国家通过基础设施投资和教育技术研发投资、多领域协作等方式，改善科学、技术与创新的教育成果。我国 STEM 教育起步较晚，目前取得了一定成绩，有效地利用信息技术推进"众创空间"建设，探索 STEM 教育、创客教育等新教育模式，使学生具有较强的信息意识与创新意识。但机遇与挑战并存，目前我国 STEM 教育领域的师资以及硬件、软件、教材等方面都需要通过高等师范院校进行培养与开发。

　　首都师范大学是国内较早开展"双创"教师教育的高校，坚持以立足北京、服务国家需求为导向，学校历来高度重视"双创"工作，建立了以学校书记和校长为组长的学生就业创业工作领导小组，构建了创业教育、创业实训、创业孵化三位一体的创业教育服务体系；创设了创业实验室模式，下设创业过程仿真模拟中心、学生创业实训孵化基地、创业教育与研究中心、创业教师教育发展中心四个机构，整体建设水平位居全国前列。除此之外，学校组建创业骨干教师团队，参与教材编写、教学、咨询和科研等工作，在实践中顺势求新，探索出 4M 创业教育教学模型，在核心期刊发表多篇论文，自主编写出版了多部教材及专著，在国内创新创业教育方面取得了一定成绩。

　　同时，首都师范大学作为以培养未来教育工作者为主体的高等师范院校，肩负着培养高质量的未来师资的重要使命，在探索学生创新创业教育的理念和模式上也应当结合自身特色，致力于培养有创新创业精神和能力的高质量的师范生，使其能够承担未来教育教学改革和教育传承的双重使

---

　　① STEM 是科学(science)、技术(technology)、工程(engineering)、数学(mathematics)的缩写。

命。特别是对于在"互联网+"理念及创新驱动发展战略下的师范生培养，要使其具备灵活运用网络和掌握智能技术基础的"双创"能力，不断将教育技术有效融入课程设计、教学方法创新等教育实践创新中，为未来"双创"教育教学改革提供新思路、新方法。学校充分整合校园资源，形成校院两级"双创"合力，于 2016 年研发"创·课"课程，同时整合校企资源，组织召开以"创·课"教育为中心议题的师范生"双创"教育从业技能研讨会。"创·课"要求师范生在大学期间通过"课程+工作坊+实习实践"的课程模式进行系统训练，全面掌握创新创业教育行业的整体状况、最新科学技术、教育理念和教学方法。旨在帮助师范生获得在基础教育系统内开设创新教育和创业教育等相关课程的能力，尤其是培养中小学生创新思维和动手能力所必须具备的专业技能。同时，"创·课"教育能力的培养还能够帮助师范生自主设计、研发课程，提高就业竞争力。首都师范大学"双创"教育水平位于全国师范类院校的前列，但目前针对学生的教材质量参差不齐。

为进一步提升课程效果，普及课程特色内容，首都师范大学组织专业团队编写了"高等师范院校'双创'教师教育系列教材"。本系列教材以国际创新教育发展和我国中小学课程改革为背景，依托首都师范大学教育学院专业教师团队，整合首都师范大学相关院系资源，借助理工和综合类院校专家力量，探究师范生及中小学教师应对创新教育发展所遇到的共性问题，切实提升师范生的创意设计制作能力、教育技术应用能力以及创新课程设计能力，加深师范生对教育相关行业的了解和认识。这正是将专业教育与"双创"教育有机融合，将实践技术融入"双创"教育的有益实践，为师范类大学"双创"教学提供体系化支持，同时也意味着学校的创新创业教育水平进入新的学科化、专业化发展阶段。

本系列教材一共五本，涵盖创新思维与方法、课程组织与教学、教育技术与应用三方面，写作的基本原则是：突出基本原理，展示内在逻辑，阐述生动具体，方便教育教学，重点在于培养师范生的创新精神，使师范生了解 STEM、设计思维等创新教育新理念和新方法，将快速成型技术、工程创意模型与机器人、游戏策划与设计等创新教育新技术、新手段与中小学教学及创新教育相结合。同时，本系列教材也为中小学教师创新教育方法、提升教学能力、应用教育技术提供了有效支撑。

《设计思维与创新教育》系统梳理设计思维方法和工具。设计思维作为一种创新方法，可以培养学生的创新思维能力、协作能力和解决问题能力。在中小学教育领域，设计思维广泛应用于教学设计、教师教育等方面。

《STEM 课程设计与实施》试图通过分析 STEM 课程设计方法、教学模式以及学习环境搭建，使师范生及中小学教师、幼儿园教师了解 STEM 教育的内涵，掌握 STEM 课程与教学设计的基本方法，为中小学及幼儿园开展 STEM 课程提供参考。

《快速成型技术及教育应用》又称快速原型制造技术。近几年快速成型技术作为一种新的学习工具，广泛应用于教育领域，并促进新的学习方式的产生和学科教学创新，对师范生和中小学教师学习相关技术起到了积极的促进作用，探索了新的可能。

《工程创意模型与机器人》是中小学生了解机械、机器人等基础知识，进行青少年科技创新活动的有效教学载体，也是开展创新教育和技术创新活动的常用工具。该书使师范生、中小学教师及幼儿园教师具备机械工程基础知识和基本实操能力，为开展跨学科课程、指导中小学生科技创新提供知识和技能储备。

《游戏策划与设计》介绍游戏设计的流程和方法，有效促进中小学编程教育。游戏能有效激发学生的学习兴趣、促进学生的高阶思维发展。该书可以使师范生、中小学教师及幼儿园教师了解游戏策划和设计的基础知识，为开展信息技术教育、游戏化学习以及各学科信息化、游戏化学习资源建设，提供理论参考和技能支持。

本系列教材以问题为导向，阐述了设计思维、STEM 等创新教育新理念，有利于高等师范院校进行专业教育与就业教育的融合，为高等师范院校结合自身特色开展"双创"教育做出了新探索。

由于我们的编写经验、能力不足，书中若存在疏漏之处，敬请专家读者批评指正。

首都师范大学招生就业处

2018 年 6 月

# 前　　言

随着网络教学活动的开展，教育游戏、游戏化数字学习资源逐渐被教育领域所关注。教育游戏拓展了网络学习资源，丰富了学生的学习体验。游戏思维、游戏机制和游戏元素逐渐融入教学设计，学生的学习动机和学习行为也随之发生改变。

为了使读者更好地理解游戏，了解教育游戏的设计和制作，本书尝试以通俗易懂的语言、图文并茂的形式，介绍游戏策划和设计的基础知识，同时结合具体案例，使读者了解教育游戏设计的基本方法，并熟悉图像处理软件 Photoshop、CorelDRAW，音频制作软件 Audacity、SoundBug，图形化程序设计语言 Mind+以及游戏引擎"唤境"，具备开展教育游戏、游戏化数字学习资源的设计与制作所需的基本技能。

全书共 6 章。第 1 章介绍游戏的概念和分类；第 2 章介绍游戏策划和设计的基础知识；第 3 章介绍游戏界面设计的基本方法和图像处理软件 Photoshop、CorelDRAW；第 4 章介绍游戏声音设计的基本方法和音频制作软件 Audacity、SoundBug；第 5 章介绍图形化程序设计语言 Mind+及其在教育游戏开发中的应用；第 6 章介绍游戏引擎的基础知识和游戏引擎"唤境"的应用。

本书由首都师范大学教育学院乔凤天主持编写；首都师范大学教育学院吴陶、王晓春，北京工业大学艺术设计学院鲁艺，湖北大学艺术学院阮婷，陕西师范大学新闻与传播学院郑海昊，首都师范大学科德学院乔凤阳，北京学校鲁子嘉，北京市第五十四中学余国香，北京景山学校京西实验学校李伊欣，中国人民大学附属中学丰台学校张诗芸，杭州市新世纪外国语学校尚晶，北京市中国人民大学附属小学京西分校尹雅倩，北京中科启元学校王佳佳，厦门市吕岭小学许晓璐，首都师范大学 2021 级硕士研究生赵佳、陆巧参与编写。河北大学孙弋戈为本书提供了素材。全书由乔凤天修改并统稿。

　　由于作者水平有限，书中难免存在不妥之处，恳请广大读者批评指正。

乔凤天

2022 年 3 月

# 目 录

第1章 理解游戏 ················································ 1

  1.1 游戏的概念和构成元素 ······························· 1

    1.1.1 游戏的概念 ····································· 1

    1.1.2 游戏世界的构成元素 ····························· 3

  1.2 电子游戏的分类 ····································· 6

    1.2.1 按游戏平台分类 ·································· 6

    1.2.2 按内容题材分类 ································· 10

第2章 游戏设计概述 ·········································· 12

  2.1 游戏策划 ········································· 12

    2.1.1 游戏策划概述 ··································· 12

    2.1.2 游戏开发团队 ··································· 14

  2.2 游戏设计 ········································· 15

    2.2.1 一般游戏设计方法 ······························ 16

    2.2.2 游戏设计的要素 ································ 20

    2.2.3 教育游戏设计方法 ······························ 31

第3章 游戏界面设计 ·········································· 42

  3.1 游戏界面设计概述 ··································· 42

    3.1.1 游戏界面的内涵 ································ 42

    3.1.2 游戏界面设计的要素 ····························· 45

  3.2 游戏界面设计案例 ··································· 49

    3.2.1 图形设计 ······································ 49

    3.2.2 界面设计 ······································ 64

第4章 游戏声音设计 ·········································· 67

  4.1 游戏声音设计概述 ··································· 67

    4.1.1 游戏声音的基础知识 ····························· 67

    4.1.2 游戏声音的设计理念 ····························· 70

  4.2 游戏声音设计软件 ··································· 71

    4.2.1 Audacity 基础 ································· 71

    4.2.2 SoundBug 基础 ································· 87

第5章 游戏程序设计 ·········································· 105

　5.1　认识 Mind+ ···················································· 105
　　5.1.1　Mind+简介 ················································ 105
　　5.1.2　Mind+开发环境 ············································ 106
　　5.1.3　Mind+积木语句 ············································ 114
　5.2　教育游戏程序设计案例 ·········································· 144
　　5.2.1　教育游戏《垃圾分类》········································ 144
　　5.2.2　教育游戏《海底猜谜》········································ 151
第 6 章　游戏引擎 ····················································· 156
　6.1　游戏引擎概述 ·················································· 156
　　6.1.1　游戏引擎的演进 ············································ 156
　　6.1.2　典型的游戏引擎 ············································ 158
　6.2　游戏引擎"唤境" ·············································· 164
　　6.2.1　游戏引擎"唤境"基础 ········································ 164
　　6.2.2　游戏引擎"唤境"应用 ········································ 172
参考文献 ···························································· 184
后记 ······························································· 186

# 第1章 理 解 游 戏

从研究的角度如何定义游戏，游戏世界与真实世界有哪些不同，游戏世界是由哪些组成要素构成的，电子游戏通常是以何种方式进行分类的，这就构成了本章的内容。本章的结构图如图 1-1 所示。

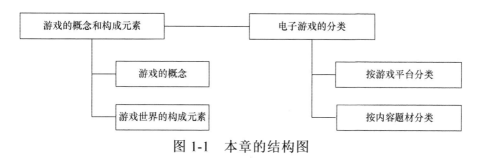

图 1-1 本章的结构图

## 1.1 游戏的概念和构成元素

不同研究领域的研究者基于自己的学科视野，对游戏做了不同概念的界定，但总的共识是，游戏具有娱乐性、自愿性、规则性和非功利性的特点。此外，游戏世界由世界观、时空、角色、规则等元素构成。

### 1.1.1 游戏的概念

游戏作为人们日常生活中常见的文化娱乐形式，给人们带来了各种愉悦的体验。但要从研究的视角界定游戏这一概念，似乎并不容易。

在哲学和文艺美学研究领域，Kant 通过将艺术和一般性劳作进行比较，给游戏作了一个界定，在 Kant 看来，游戏是自由的、无功利的、使人愉悦并具有一定目的性的。因此，艺术的本质与游戏的核心均是自由的。Schiller 遵循并发展了 Kant 对游戏的研究，认为游戏通常指的是一切在主观和客观上都非偶然的，但既不从内在方面也不从外在方面进行强制的东西[1]。Schiller 将游戏分为两种类型：第一种类型，作为自然的游戏，是人与动物所共有的；第二种类型，作为审美的游戏，是人类所独有的。只有当人游戏时，人性的概念才完整。

在人类学和文化学研究领域，Johan Huizinga 认为游戏是在具体的时空维度中开展的活动，带有强烈的秩序性和普遍认同规则的约束性，且表现出明显的非功利性。游戏的状态是兴高采烈、自由自愿的，随情景内容而定，或神圣，或喜庆，或安静[2]。从这个概念中，可见游戏具有非真实性、规则性、非功利性和自愿性的特点。

在现象学和诠释学研究领域，Hans-Georg Gadamer 从主观性的角度指出[3]，游戏的主体不是游戏者，而游戏只是通过游戏者才得以表现。就是说，当游戏者全身心投入游戏中时，会逐渐遗忘自身的存在，此时的游戏者只是游戏世界中的一个化身。因而，游戏有其自身独特的存在方式。

在教育学和心理学研究领域，Jean Piaget 基于其认知发展理论，认为游戏给儿童提供了巩固原有知识、技能、认识结构，以及发展他们情感的机会，由此可见，游戏是一种学习活动。Jean Piaget 指出游戏的方式应与儿童的认知发展相契合，将游戏分为练习性游戏、象征性游戏和有规则的竞赛游戏三种类型，它们分别与儿童认知发展的感知运动阶段、前运算阶段和具体运算阶段相对应[4]。练习性游戏，发生在感知运动阶段，此时儿童还未掌握语言，主要靠感知和动作认识世界，通过非机械式的行为来重复、巩固已有技能，在控制自身身体和周围环境的过程中感受游戏的快乐。象征性游戏，发生在前运算阶段，此时儿童的语言能力开始发展，开始理解符号的意义和功能，儿童根据自身的理解随意创造、设计和组织游戏，在游戏过程中学会用语言符号进行思考并实现情感上的满足。有规则的竞赛游戏，发生在具体运算阶段，儿童的智力和推理能力有所发展，能在游戏过程中遵守大家共同制定的规则。而从精神分析理论的角度看，游戏的对立面是现实，游戏者通过对现实的模拟，实现对现实生活的替代满足和心理补偿[5]。可见，游戏是一种具有沉浸性的虚拟活动。

在游戏设计领域，Tracy Fullerton 认为[6]，游戏是一个正规且封闭的系统，将玩家置入结构性的冲突之中，并使玩家能以一种不平等的方式解决游戏的不确定性。Ernest Adams 和 Andrew Rollings 指出[7]，游戏是在一种假设的虚拟环境下，参与者按照规则行为，实现至少一个既定的重要目标任务的娱乐性活动。Chris Crawford 认为[8]，游戏是一种艺术形式，通过个性化的体验条件和规则，营造出能够刺激玩家情感并使之沉浸其中的幻想体验。

综上观点，游戏是在一定的时空中，人们自愿且不带功利性地参与并沉浸其中的一种具有虚拟性的非严肃活动，在游戏的过程中，游戏者需遵循某种游戏规则。

## 1.1.2　游戏世界的构成元素

游戏世界不同于真实世界，它是与真实世界隔离开的假想世界。游戏世界由世界观、时空、角色、规则等元素构成。

### 1. 世界观

游戏世界的世界观，是指游戏世界的设定。世界观主要包括三个方面[9]：其一，这个世界里有什么？其二，这个世界发生了什么？其三，这个世界的运行方式是什么？

"这个世界里有什么？"主要涉及游戏世界的时代背景、种族、道德等要素。时代背景是游戏世界观的基本设定，影响游戏的风格与基调。

"这个世界发生了什么？"是指游戏世界中过去发生的事情、现在正在发生的事情和未来将要发生的事情。

"这个世界的运行方式是什么？"是指游戏世界的运行规则，主要包括物理规则和经济规则。物理规则，是指物体在游戏世界中移动、跳跃以及与其他物体碰撞时所发生的变化。经济规则，是指游戏世界中的经济体系、货币、商品流通及交易的状况。

### 2. 时空

游戏世界中的时间不同于现实世界的时间，有其自身的特点。Jesper Juul 指出[10]，游戏中的时间具有两条线索：其一是玩家进行游戏的时间（play time），对应真实时间；其二是游戏世界的时间（event time），对应游戏事件的时间。玩家对游戏时间的体验，受到游戏所构建的客观时间的影响。

　　游戏时间与现实时间呈现对等、缩放和可调三种关系模式。对等关系模式，是指游戏时间与现实时间一致，此种时间模式常见于格斗游戏和第一人称射击游戏，玩家在游戏中的战斗时间与现实时间保持对等，如图 1-2 所示。缩放关系模式，是指在游戏世界中用较短的时间呈现现实世界的时间，玩家可以在短时间内在游戏世界中体验现实世界中需要很漫长的时间才能完成的事情，例如，在一些策略类游戏中，玩家扮演某个国家或某个种族的领导者，从公元几千年前开始发展自己所选择的文明，在游戏中每 10 分钟，相当于现实时间的 100 年，如图 1-3 所示。可调关系模式，是指玩家可以自行调整游戏速度，进而控制游戏时间。

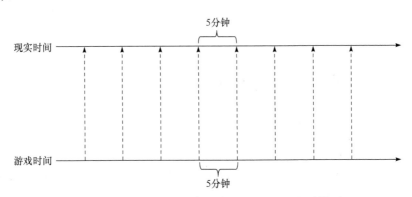

图 1-2　游戏时间与现实时间的对等关系模式

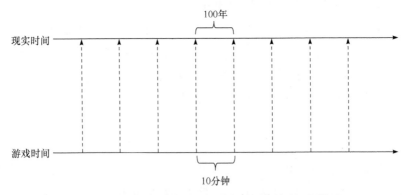

图 1-3　游戏时间与现实时间的缩放关系模式

　　游戏空间主要分为 2D、2.5D 和 3D 三种空间类型。2D 游戏空间，即二维平面空间，在 2D 游戏空间中，玩家无法转换视角，但可以通过操作移动画面，画面随着玩家控制游戏角色的跑跳而上下左右移动。在 2.5D 游戏空间中，玩家能从斜 45°的视角观看游戏中的场景和角色。游戏角色可以在山丘、平原、沙漠等各种地形上移动，玩家可以从斜 45°俯视整个游戏场景。3D 游戏空间，是指通过计算机技术实现的立体游戏空间，给玩家一种真实的空间体验。3D 游戏空间比 2D 和 2.5D 游戏空间更难操作，有时会使玩家出现疲劳和头晕的现象。目前，大部分电子游戏都采用 3D 游戏空间。

### 3. 角色

　　游戏中的角色分为玩家角色和非玩家角色(non-playable characters，NPC)。玩家角色，是指一个玩家在游戏中所扮演的角色，即化身，好的玩家角色能帮助玩家理解游戏。玩家角色通常都有很深的故事背景来影响玩家的游戏体验。

　　NPC 是指游戏中不受玩家控制的角色。NPC 在游戏中起到引导玩家完成任务、提供任务奖励、充当玩家角色的敌对者或协助者等作用。

### 4. 规则

　　游戏规则主要定义玩家在游戏中所能采取的行为。游戏规则主要分为操作性规则和构成性规则[11]。操作性规则，主要指玩家操作游戏的方式，例如，玩家在游戏中可以进行走、跑、跳跃、等待、撞砖、扔等操作。操作性规则要描述明确，不能含糊，否则玩家将陷入混乱，无法进行游戏。例如，桌游《九子棋》的规则为一方先开局，轮流下棋。如果一方有三枚棋子可以连成一条直线，就可以选择是否吃掉对方的一颗棋子。前提是被吃的这颗棋子不能是对方已经连成一条直线的三颗棋子中的一颗，直线指棋与棋中间有一条可见线条连接，如图 1-4 所示。构成性规则，用于描述游戏的系统构成。例如，五子棋中黑白棋子各 20 枚。

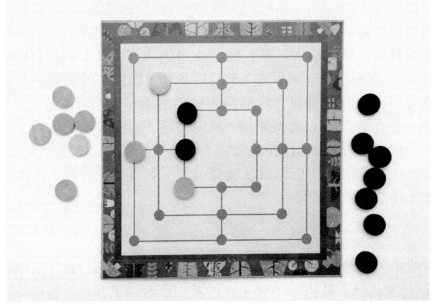

图 1-4 九子棋

## 1.2 电子游戏的分类

电子游戏通常有两种分类方式[12]：一种是按照游戏平台进行分类，另一种是按照内容题材进行分类。

### 1.2.1 按游戏平台分类

随着电子技术、计算机技术、网络通信技术的不断发展，游戏发展出不同的形态，如街机游戏、计算机游戏、主机游戏、掌机游戏、移动游戏和网页游戏。

街机游戏最早起源于 19 世纪欧美国家的一些游乐场内的机械式投币类游戏机，玩家投一枚硬币，便可控制一根操纵杆操纵游戏角色进行运动，如图 1-5 所示。在街机平台上运行的游戏称为街机游戏，每台街机均有固定的游戏软件和与之配套的交互硬件，例如，街机游戏《机器人 2084》，玩家利用双操纵杆操控枪械向机器人进行射击，以保护家人免受攻击。再如，街机游戏《豪华赛道》，给玩家配备了方向盘和踏板，玩家通过操控这些硬件在一条虚拟赛道上与计时器比赛。街机游戏有较长的发展历史，孕育了很多经典的游戏类型，例如，跳台游戏《大金刚》《马里奥兄弟》，迷宫游戏《吃豆人》等。

图 1-5　街机示意图

　　计算机游戏，也称 PC（personal computer）游戏，是基于计算机运行的游戏。早期电子游戏多由科研人员开发，例如，美国能源部布鲁克海文国家实验室的 William Higinbotham，为了增加面向公共的"游客日"活动的吸引力，开发了一个能在示波器上玩的游戏《双人网球》，如图 1-6 所示。玩家通过旋转拨号控制器调整球的轨迹，然后按下操控器的单键将球发给对手。再如，美国麻省理工学院的学生 Steve Russell 等在 PDP-1 微型计算上开发了游戏《太空大战》，玩家在操纵飞船，使用导弹和激光攻击对方的楔形宇宙飞船的同时，还需躲避随机出现的行星，如图 1-7 所示。

　　20 世纪 70 年代，随着个人计算机的出现，计算机成为重要的游戏平台。随着计算机技术的不断发展，计算机游戏画面日益精美，给玩家带来了更强的视觉冲击。此外，鼠标和键盘的组合能形成多样的操作指令，通常玩家利用键盘上的"W""A""S""D"四个键控制角色移动，按键盘的"空格"键控制角色跳跃，按键盘的"R"键切换观察模式，通过鼠标的左键进行攻击。

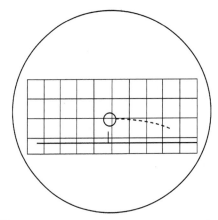
图 1-6  《双人网球》游戏界面示意图

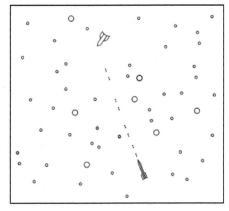
图 1-7  《太空大战》游戏界面示意图

　　主机游戏也称电视游戏，是指将电视屏幕作为显示器执行游戏主机的游戏，此种游戏还需配合手柄、摇杆、动作捕捉器等辅助设备才能进行游戏。从 20 世纪 70 年代发展至今，游戏主机主要由美国和日本的厂商生产，例如，日本任天堂发行的第一代游戏主机 FC（family computer），俗称红白机，如图 1-8 所示；后期任天堂发布了 Wii 游戏主机；索尼发布了 PlayStation 游戏主机，如图 1-9 所示；美国微软公司发布了 Xbox 游戏主机。

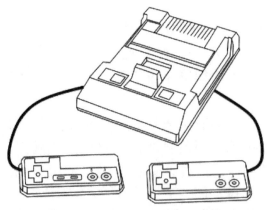
图 1-8  游戏主机 FC 示意图

图 1-9    游戏主机 PlayStation 示意图

掌机游戏是便携式游戏的一种，是在专门的小型游戏机上运行的电子游戏，玩家可以随时随地进行游戏。早期的掌机游戏由于硬件的限制，其画面和声音效果不如主机游戏。如今随着掌机硬件的发展，新一代的掌机游戏的音画品质、操控灵活度均有显著提升。具有代表性的游戏掌机有任天堂的 Game&Watch、Game Boy、3DS、Switch 等，其中 Switch 采用了主机与掌机的一体化设计，以及世嘉的 Game Gear 和索尼的 PSP(play stration portable)系列等，如图 1-10 所示。

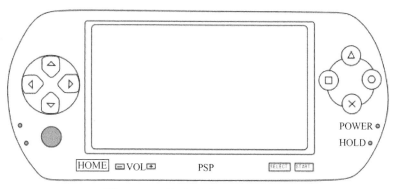

图 1-10    游戏掌机 PSP 示意图

手机游戏也是另一种便携式游戏，是指运行于手机平台的游戏软件[13]。随着基于 iOS 和安卓系统的智能手机向游戏的发展，手机游戏与主机游戏的界限越来越模糊。此外，平板电脑游戏的操作方式与智能手机游戏相似，也具有多点接触、虚拟方向键盘、重力感应等，只是屏幕尺寸更大、处理器能力更强，可以运行更为复杂的游戏。

网页游戏也称浏览器游戏，是以 Web 浏览器作为运行平台的游戏，玩家无须下载客户端，只要安装 Java、Flash 等常用插件就可以在任意一台联网的计算机上进行游戏。

## 1.2.2　按内容题材分类

游戏类型是根据游戏的主题、背景的设置、玩家视角和游戏策略等因素对游戏所进行的种类划分。常见的有动作类、角色扮演类、策略类、模拟类、冒险类和益智类等游戏类型。

动作类游戏（action game，ACT）早在街机游戏时代就已经出现，主要考验玩家的手眼配合能力、动作的敏捷性和精准性、反应能力等，需要玩家快速思考、快速做出判断和行动。动作类游戏中最具代表性的子类是跳台类游戏和射击类游戏。跳台类游戏需要玩家快速通过某一特定区域，并在不同高度的平台间跳跃来躲避障碍物和敌人，有时玩家还会在沿途收集一些物品。射击类游戏是以"瞄准""射击"为核心玩法的游戏，基于玩家观看视角，可以分为第一人称射击游戏和第三人称射击游戏。在第一人称射击游戏中，玩家处于第一方视点，能看到自己手中的武器和游戏中的其他角色，易于玩家进行瞄准，增强了玩家的沉浸感。但此种视角玩家不能看到自己在游戏中的化身，无法更多地控制化身的肢体行动，同时也限制了玩家对周围环境的观察范围。第三人称射击游戏与第一人称射击游戏最大的不同是，玩家可以看见自己在游戏中的化身，具有更宽阔的视野。

角色扮演类游戏（role-playing game，RPG）是指玩家扮演（操控）一种或多种角色，常见的角色有法师、角斗士、精灵、牧师、英雄等，在游戏中历经探险、战斗、解谜、收集宝物等活动。

策略类游戏（simulation game，SLG）是指玩家运用谋略、经营等能力与计算机或其他玩家对战，并以取得各种形式的胜利为目的。策略类游戏主要包括回合制策略游戏和即时策略游戏。回合制策略游戏，是指玩家轮流进行自己的回合，只有当对方完成行动之后，玩家才能进行己方的操作。即时策略游戏，是指玩家与对手同时行动。即时策略游戏的规则主要为采集、生产和进攻，玩家指挥己方的角色或战斗单位进行资源采集，构建基地和城市，拓展自己的领地，生产作战武器，组建军队，向对方发起进攻并获得胜利。

模拟类游戏（simulation game，SIM），是一种对现实生活内容或某种工作状态进行模拟的游戏，主要包括模拟经营游戏、交通工具模拟游戏、养成类游戏和体育类模拟游戏。模拟经营游戏，需要玩家扮演一个造物主、市长或管理者来进行创建和管理，其建造的主题多样，如一个国家、一个城镇或者一个公园等，然后需要玩家调配资源和资金，规划发展自己的系统。交通工具模拟游戏，玩家作为驾驶者控制卡车、船舶、飞机、汽车、航天器等交通工具，此类游戏对交通工具的外形、设备性能、操作方式以及驾驶环境进行了逼真的模拟。养成类游戏，玩家需要在游戏中模拟培养特定的对象，培养对象可以是宠物、想象中的事物，使玩家在游戏过程中获得成就感。体育类模拟游戏，是一种对真实体育项目的模拟，对运动员的形象和技能、赛场场景、竞赛规则等进行还原，玩家通过操控一个运动员或多个运动员的方式完成比赛。

冒险类游戏（adventure game，AVG），是以一个故事线索贯穿始末，其游戏核心为探索和悬念。冒险类游戏包括文字冒险类游戏和动作冒险类游戏。文字冒险类游戏，以文字叙述为主，玩家通过文字指令控制角色，并以图片、动画辅助剧情的展开，此类游戏往往设有分支和多个结局。动作冒险类游戏侧重肢体探索，其玩法包含潜行、战斗、跑酷、射击、解谜等。

益智类游戏（puzzle game，PUZ），需要玩家运用观察、记忆、判断、思考和推理等能力来解决难题。传统游戏如七巧板、九宫格、象棋、围棋、扑克等均属于此类游戏。《俄罗斯方块》等益智类游戏中还通过增加奖励机制、成就机制、道具机制等提升玩家的乐趣。

# 第2章 游戏设计概述

游戏策划是游戏设计的灵魂，负责设计游戏系统中的各种元素。游戏开发是一个较为复杂的过程，需要多个领域的专业人才相互合作，一个游戏开发团队是如何构成和运作的？设计游戏时，需要注意哪些要素？教育游戏是否有其独特的设计方法？上述内容将在本章逐一进行探讨。本章的结构图如图 2-1 所示。

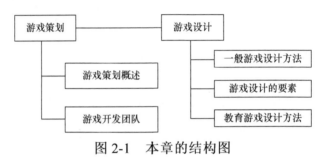

图 2-1 本章的结构图

## 2.1 游 戏 策 划

将一个创意转化成一款游戏产品的过程需要一系列复杂的环节和多部门人员的协同工作。本节主要介绍游戏策划所关注的基本内容和游戏开发团队的构成。

### 2.1.1 游戏策划概述

游戏策划是一种将创意转化为游戏产品的创造性设计过程。游戏作为继绘画、音乐、舞蹈、戏剧、电影等艺术以外的一种新兴艺术形式，其创意可来源于某种有趣的游戏玩法、某类游戏题材、某个独具特色的角色形象等。在游戏设计过程中，游戏开发者需要进行游戏可玩性设计、游戏概念设计、任务关卡设计、游戏角色设计、游戏平衡设计、游戏交互设计、游戏音乐设计、游戏程序设计等工作。

　　游戏策划的内容涉及游戏创意、题材、故事、音效、美术、交互方式等方方面面。在实际的游戏开发过程中，游戏策划师还需与开发团队各部门进行充分沟通，督促各部门将创意落实。

　　游戏策划师借助游戏策划文档将游戏创意具象化，使团队成员了解游戏的内容和需求，明确各个成员的分工权责，便于后续的工作沟通、创意讨论及设计迭代。以开发阶段划分，游戏策划文档主要分为游戏概念文档和游戏开发文档[14]。

　　游戏概念文档是游戏的一个概念总览，主要包括游戏名称、游戏平台、游戏类型、目标玩家、故事梗概、玩法机制、竞品分析、独特卖点。游戏名称，需具有一定的吸引力，使玩家通过游戏名称便能对游戏类型和风格有所了解，确定游戏名称时，还可以设计一个与该游戏类型相符合的 Logo。游戏平台，现在常见的游戏平台有 PC、游戏主机、游戏掌机及移动设备平台。游戏类型通常以题材和玩法进行区分，按题材可分为战争、武侠、幻想等，按玩法可分为动作类、模拟类、策略类、角色扮演类等。但随着游戏元素融合的趋势，游戏类型也趋向混合。目标玩家，主要从性别和年龄段两个方面分析玩家的游戏心理、喜好及行为特征，找出目标玩家的需求。故事梗概，主要介绍故事的起因、发展以及游戏角色在游戏世界中所要解决的问题。玩法机制，主要让玩家知道在游戏世界中他能做什么、操作什么以及通过操作能对游戏世界做出何种改变。竞品分析，通过对已经上市的、设计理念相近的游戏进行分析，再结合对自己开发的游戏的详解，增强投资人、发行方对游戏的信心。独特卖点，需指出自己开发的游戏与其他游戏的不同之处。

　　游戏开发文档，通常包含设计和规划两部分内容。设计部分主要对游戏机制、故事、玩家角色、道具、关卡、界面、音乐音效等方面进行更为深入的描述，使所有参与开发的人员能够清晰地了解游戏策划对游戏的整体构想，并发挥各自的专长使整体构想得以最终实现。游戏机制，需写明玩家需遵循的规则、游戏的胜利和失败条件以及玩家为了胜利所能采取的行为。撰写故事时，要写明故事的主要情节要素，并描述出主角角色的状态，此外，具有推动剧情发展作用的对话也需要写出来。玩家角色，包括玩家在游戏中可以操控角色的各种信息设定，如角色名字、角色概念设定图，玩家角色与剧情中其他角色之间的关系等。道具，主要包括道具的名称、属性、功能和道具草图。关卡，需要描述出关卡结构，并附上关卡地图和关卡概念图。界面，主要涉及主界面、开始游戏界面和游戏结束界面，描述出界面元素、布局方式、界面的动效方式以及界面之间的跳转关系。音乐音效，主要列出游戏关卡、玩家与游戏界面互动时所需要的音乐音效，并对音乐风格进行描述。

游戏开发文档的规划部分主要起到对游戏开发时间、预算成本、技术需求、技术参数等方面进行规划和管理的作用。例如，描述技术需求时，需让读者清楚游戏开发所用到的开发工具及硬件，概述包括游戏世界中的镜头、通用敌人 AI(artificial intelligence，人工智能)、关卡敌人 AI 等功能实现方式及具体负责人。

## 2.1.2　游戏开发团队

游戏开发团队主要由策划团队、程序团队、美术团队、音乐团队、测试团队和运营团队构成。

策划团队负责游戏的主题、核心体验、游戏规则、故事叙述、游戏平衡等方面的设计，同时让程序、美术和音乐团队了解他们的构想，还要协调这些团队间的工作，使游戏开发有序开展，并保持游戏风格的持续统一。策划团队主要由主策划师、文案策划师、规则设计师、关卡设计师和数值设计师组成。主策划师，主要把控游戏整体风格，负责管理整个策划团队及与其他团队的沟通。文案策划师，主要负责游戏故事背景的设定、编写游戏剧情及游戏角色的对白。规划设计师，负责游戏规则系统的设计，如游戏机制、经济系统、战斗系统、聊天系统以及玩家技能等方面。关卡设计师，是游戏世界的主要构造者，要设计每一个关卡的挑战目标、挑战类型、挑战难度、奖励方式等，并时刻与其他团队紧密合作，获得程序员的支持，从游戏美术团队和游戏音乐团队那里整合美术资源、音乐资源，用于构建游戏场景。数值设计师主要负责游戏中各种数值的平衡性设定和管理。

程序团队主要负责游戏软件的程序设计，由主程序员、游戏引擎程序员、工具开发程序员、客户端程序员和服务器端程序员组成。主程序员主要负责领导整个程序团队，同时还要统筹管理日常开发工作，把控质量。游戏引擎程序员负责开发游戏的核心引擎，或利用现有的 Unity

3D、Unreal 等商业游戏引擎将游戏元素整合在一起。工具开发程序员负责开发美术和设计团队所需要的工具、插件等。客户端程序员主要实现角色的逻辑设计、NPC 人工智能逻辑、碰撞检测、分数计算，以及配合关卡设计师编写各种逻辑脚本。服务器端程序员主要负责网络游戏服务器的稳定运行、客户端与服务器端之间的数据传输与处理等工作。

美术团队的工作直接决定了游戏的视觉效果，主要由美术总监、概念原画师、2D 美术师、3D 建模师、界面设计师和技术美工组成。美术总监是游戏美术方面的总负责人，把控游戏整体风格和品质标准，安排协调工作进度。概念原画师主要为游戏场景、道具和人物角色绘制可视化的概念草图。2D 美术师主要负责游戏场景、角色等的纹理贴图的绘制。此外，还要创作游戏里的动画效果和特效。3D 建模师主要利用 3ds Max、Maya、ZBrush 等三维建模软件，根据概念图创作出三维数字模型。界面设计师主要利用 Photoshop、Illustrator 等平面设计软件设计游戏界面。技术美工既要具有较高的艺术水平，又要精通游戏引擎和程序开发，充当程序员和游戏美术之间的桥梁。

音乐团队主要负责制作游戏中的音乐、音效和语音。音乐主要是游戏的背景音乐，直接影响游戏的节奏和氛围的营造，有时会直接外包给专业的音乐公司制作完成。音效是游戏场景中发出的各种声音，如风声、脚步声、枪声、武器的撞击声等。语音是指游戏人物所发出的声音，通常由专业的配音演员在录音棚中录制。

测试团队主要负责游戏的质保，分别从游戏运行中所暴露出的问题和游戏本身的可玩性两个方面，给游戏开发人员提出建议。

运营团队主要负责宣传、销售游戏产品，并及时向开发部门反馈游戏产品的市场反应，帮助游戏开发部门及时优化产品。

## 2.2　游　戏　设　计

早期的游戏开发主要借鉴软件开发所使用的瀑布模型和螺旋模型，随着人们对游戏认识的深入，Robin Hunicke、Wolfgang Walk 等研究者更多地关注游戏的游戏机制、游戏体验和游戏美学，提出了游戏设计的 MDA 模型和 DDE 模型。教育游戏不仅具有游戏的可玩性和娱乐性，还关注教育性和功能性。因此，在设计教育游戏时，需综合应用游戏设计学、教育学、心理学等多学科知识。

## 2.2.1　一般游戏设计方法

### 1. 瀑布模型

瀑布模型主要应用于软件开发领域，也称生存周期模型，即将软件生命周期分为软件计划、需求分析、软件设计、设计实现、软件测试、运行维护六个部分。瀑布模型在开发过程中按工序依次进行，各环节环环相扣，如图 2-2 所示。由于该模型的开发流程是线性的，其不足之处在于，后一环节需要等前一环节的工作成果，很有可能出现等待时间比开发时间长的"堵塞状态"，同时也不利于人力资源的合理配置[15]。此外，一旦用户需求有变化或对用户需求分析不足，就会影响后续整个开发进程，导致开发成本的增加。

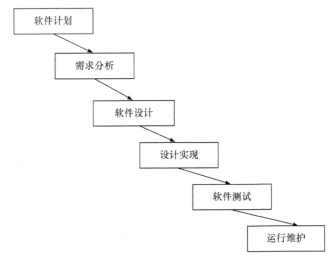

图 2-2　软件设计的瀑布模型

游戏设计师对软件设计领域所应用的瀑布模型进行改进，将游戏软件设计分为概念设计、深化设计、游戏制作、游戏测试和发布维护五个环节，如图 2-3 所示。概念设计环节，主要是构思游戏主题，游戏策划师输出游戏策划书，游戏美术设计师输出角色和场景的美术概念图。深化设计环节，主要包括游戏关卡设计师输出的关卡设计文档、程序员输出的技术开发文档和游戏美术设计师输出的美术设计文档。游戏制作环节，主要由程序员完成游戏运行的功能代码，并将游戏音乐、游戏美术等素材文件加入程序中。游戏测试环节，游戏策划师、程序员和游戏测试工程师共同对游戏机制、操作等方面进行测试，并解决出现的各种问题。发布维护环节，游戏产品发布后，游戏管理员、客户服务工程师对游戏进行后续维护。

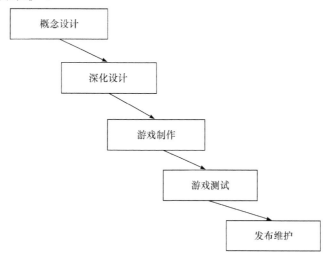

图 2-3　游戏设计的瀑布模型

## 2．螺旋模型

螺旋模型是线性的瀑布模型的一种演进，其不同于静态的瀑布模型，是一种更关注用户需求变化的具有动态性和迭代性的设计模型，并强调了对开发各环节的风险评估。螺旋模型包含制订计划、风险分析、工程实现和评审四个阶段，如图 2-4 所示，以便于开发人员随时发现问题、解决问题、测试问题。制订计划阶段，主要为了解用户需求，确定目标、方案并明确限制条件。风险分析阶段，主要由具有丰富专业经验的风险分析人员对方案进行评估，识别出各种风险。工程实现阶段，按照瀑布模型的步骤进行需求确认、设计、编码、测试、调试和验收。评审阶段，让客户提出该版本的修改意见，也为下一版本的开发打下基础。

游戏开发中的迭代设计模型吸收了螺旋模型的迭代性和随时测试的优点，Colleen Macklin 进一步指出利用实物原型和软件原型可以促进游戏迭代及测试[16]。游戏迭代设计模型主要由创意、原型、测试、执行和评估五阶段构成，如图 2-5 所示。

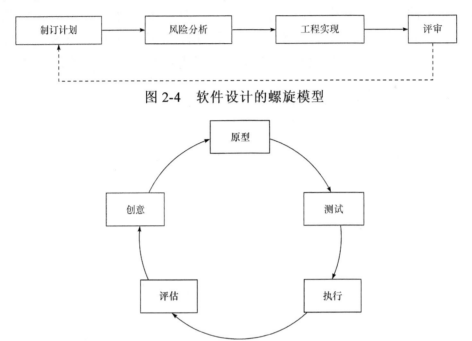

图 2-4　软件设计的螺旋模型

图 2-5　游戏迭代设计模型

　　创意阶段，游戏设计者构思游戏主题和概念，设定玩家的游戏体验目标，提出具有可玩性的游戏机制，形成游戏设计文档。原型阶段，游戏设计者借助纸原型（图 2-6）、软件原型等工具呈现创意，如图 2-7 所示。测试阶段，对原型进行可玩性测试，深入打磨游戏概念。执行阶段，完成游戏功能代码，使游戏系统协调运行，如图 2-8 所示。评估阶段，对执行阶段制作完成的成果进行评估，找出问题并修正。

　　3. MDA 模型

　　MDA 模型是由 Robin Hunicke 等提出的一种游戏设计框架[17]，MDA 是机制（mechanics）、动态（dynamic）和美学（aesthetic）的英文缩写，如图 2-9 所示。游戏设计师在设计游戏时，既要考虑机制（游戏规则）的设计，又要从玩家的视角考虑游戏将给玩家带来何种情感体验，同时要思考玩家同规则交互时将会发生什么。此外，MDA 模型还为游戏研究者与游戏开发者之间进行交流提供了工具。

图 2-6　游戏《单词跑得快》的纸原型①

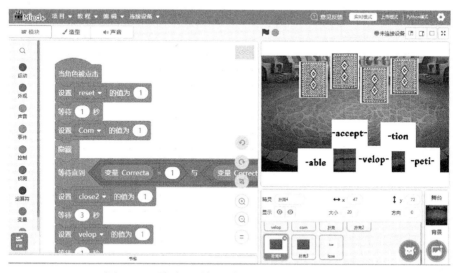

图 2-7　游戏《单词跑得快》的软件原型

---

① 首都师范大学学生游戏作品《单词跑得快》，学生：欧鹏宇、范瑞琪、刘琬迪、苑佳然；指导教师：乔凤天。

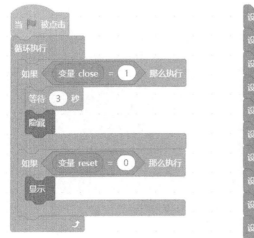

图 2-8　游戏《单词跑得快》的功能代码示例

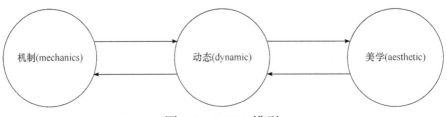

图 2-9　MDA 模型

从游戏设计的角度看，MDA 模型更多地关注游戏机制，忽略了游戏设计的其他层面。Wolfgang Walk 等在 MDA 模型的基础上，提出了DDE 模型[18]，即设计（design）、动态（dynamics）和体验（experience）。在设计模块中，游戏设计师除了考虑游戏机制的设计，还需关注游戏主题、游戏风格、游戏反馈系统等方面的设计。在动态模块中，除了玩家与游戏规则进行交互外，游戏中的不同组成部分也在相互作用。在体验模块中，玩家的体验包括感官体验、情感体验以及智力挑战等方面。

## 2.2.2　游戏设计的要素

游戏设计时需要考虑的要素主要有可玩性、游戏机制、游戏叙事、游戏美术、数值设计和游戏关卡，本节对上述几个要素进行简要介绍。

1. 可玩性

游戏能给玩家带来各种愉悦体验，因此游戏可玩性是游戏设计师的设计重点。玩家在游戏中玩的形式或玩家在游戏中所要面对的挑战，主要由玩家技能和谜题构成。

1）玩家技能

玩家技能包括玩家的动作技能和决策能力。动作技能主要体现为玩家在游戏中的躲避逃跑、捕捉截获、跨越障碍、瞄准射击、格斗搏击以及各种体育运动动作，动作本身就能给玩家带来各种各样的娱乐体验，挑战玩家的反应速度、动作的精确度和准确度，以及对时机、节奏的把握。例如，在体育类游戏中，玩家根据球员状态、球员能力来设置阵型，以达到防守反击、全力进攻、控制球等目的。

Mihaly Csikszentmihalyi 在其心流理论中指出[19]，人们的技能水平以及他们所面对的任务难度将共同影响他们的认知和情感。因此，在设计挑战任务时，任务的难度需设置在一个合理的区间，假如任务难度超出玩家的技能水平，玩家会产生焦虑感和挫败感，但任务难度很低，玩家又会觉得无聊，只有当挑战任务难度与玩家技能水平匹配时，玩家才能进入心流状态，产生高峰体验，如图 2-10 所示。

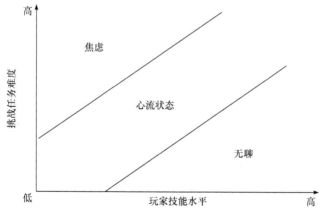

图 2-10 玩家技能水平与挑战任务难度的关系

此外，还需通过画面、声音、游戏手柄的振动等形式，给予玩家明确且即时的反馈，以帮助玩家更好地了解自己的技能水平及取得的进展。

2) 谜题

谜题是一种具有正解的、有意义的，规则易于掌握的，并具有一定限制的"迷你游戏"。常见的谜题类型，如横向思维谜题、空间推理谜题、逻辑推理谜题、模式识别谜题、物品使用谜题等。

横向思维谜题，需要玩家质疑谜题假设，打破常规。例如，游戏《连点》，用一笔画出连续的 4 条线段，使其连接 9 个点，如图 2-11 所示。玩家通常会这样假设，画的线段不能超出 9 个点所构成的正方形，但如果破除这条假设，该谜题就很好解决了，如图 2-12 所示。

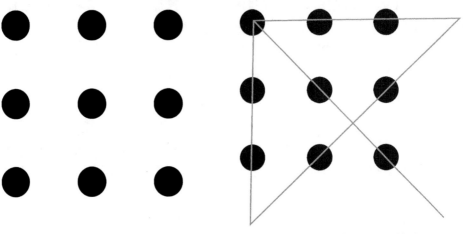

图 2-11　9 个点的位置　　　　图 2-12　连点游戏答案

空间推理谜题，需要玩家运用空间想象能力推断出实物或几何图形的运动和变化。例如，游戏《推箱子》，玩家需要用最少的步数把一个拥挤的仓库中的所有箱子推到指定的目的地，如图 2-13 所示。

逻辑推理谜题，需要玩家从游戏所提供的各种信息中得出一个判断，并推理出答案。例如，数独游戏，玩家需要根据盘面上的已知数字，推理出所有剩余空格的数字。如图 2-14 所示的数独游戏，具有一个横向和纵向均为 9 个单元格的盘面，盘面上给出了一些已知数字，玩家需推理出余下空格中的数字，并满足每一行、每一列、每一个粗线宫内均含数字 1~9，且数字不重复。再如，桌游《达·芬奇密码》，玩家通过猜测对方数字牌中的信息，并结合自己手上的数字牌，推测出更多线索，最终破解对方的密码，如图 2-15 所示。

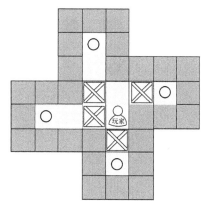

图 2-13　推箱子示意图

| | | | | | | | | 6 |
|---|---|---|---|---|---|---|---|---|
| 9 | 6 | 2 | 8 | | | 1 | 5 | 4 |
| 3 | | | 5 | 4 | 6 | 7 | | |
| 6 | | 5 | 4 | 1 | | | 7 | |
| | | | | | | | | |
| | 9 | | 7 | | 5 | | 2 | 1 |
| | 3 | 4 | | | 1 | | | |
| 1 | | | | 2 | 7 | 5 | | 3 |
| | 7 | 6 | 3 | 8 | | | | 9 |

图 2-14　数独示意图

图 2-15　桌游《达·芬奇密码》

　　模式识别谜题要求玩家通过游戏所提供的信息发现某种模式规则，并依据这种规则解答问题。例如，游戏《见证者》，玩家通过分析游戏中提供的示例，识别出黑白两色色块需要被一条线完全分隔，使两种颜色的色块不在同一区域，进而利用识别出的模式规则破解谜题，如图 2-16 所示。

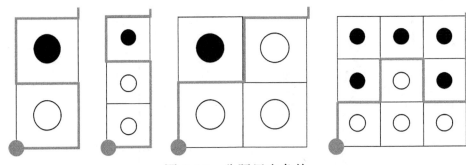

图 2-16　分隔黑白色块

物品使用谜题则需要玩家寻找合适的物品或使用道具按照一定的规则进行组合以破解谜题。

在设计谜题时，需要注意以下三方面：其一，要有明确的目标和清晰的规则，使玩家知道这个谜题的目的，了解能做什么，不能做什么。此外，规则要易于被玩家掌握。其二，谜题的游戏界面友好，促使玩家聚焦解谜，而不受游戏界面中与谜题无关的图形、文字等干扰。其三，难度适中，谜题设计不宜过难，要使玩家感受到解谜成功后的成就感。

2. 游戏机制

游戏机制也称为游戏规则，是指玩家以及玩家在游戏世界中的化身所需遵循的规则，以及游戏中各系统是如何在游戏世界中互动的。游戏机制通常包含如下内容：游戏初始设置、胜利和失败条件、游戏的进程、玩家的动作等。游戏初始设置，描述了游戏是如何开始的。胜利和失败的条件，规定了玩家在满足何种条件时才能被认定是获得胜利或者是失败了。游戏的进程，决定了"玩游戏"的顺序，明确了谁先走、怎么走。玩家的动作，描述了玩家能做什么以及这些动作对游戏状态的影响。

例如，桌游《赛马棋》（图 2-17）的游戏机制如下。

(1)游戏初始设置。玩家各选红、蓝、绿、黄一种颜色的小马棋子，并将小马棋子放置在起点处。

(2)胜利和失败条件。哪个小马棋子先到终点，选择该棋子的玩家获胜，其余玩家失败。

(3)游戏的进程。玩家轮流掷骰子(骰子的六个面分别标有红、蓝、绿、黄四个圆点，以及静止图标和爱心图标)，玩家抛到标有哪种颜色圆点的面，对应颜色的小马棋子则向前一步，当抛到静止图标时，该玩家停止一回合，当抛到爱心图标时，玩家可选任意一种颜色的小马棋子向前一步。

（4）玩家的动作。投掷骰子，移动小马棋子。

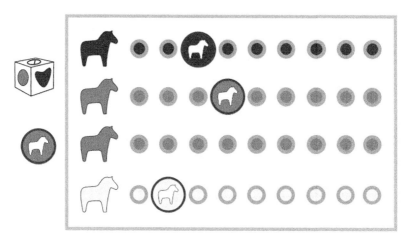

图 2-17　桌游《赛马棋》示意图

### 3. 游戏叙事

游戏叙事可以通俗地理解为游戏剧情。游戏剧情能带动玩家的情感，提升玩家在游戏世界中的沉浸感。在设计游戏剧情时，游戏设计师需考虑角色、故事和冲突这三个要素，可参考的经典线性剧情设计模式是 Joseph Campbell 的"英雄之旅"模式[20]。"英雄之旅"模式是 Joseph Campbell 在整理世界各国神话故事时，总结出故事中的英雄历险旅程中所具有的共同阶段：阶段一，英雄接到历险的召唤，开始旅程。阶段二，英雄经历了一系列的挑战并达到目标。阶段三，英雄归来。Christopher Vogler 在 Joseph Campbell 的基础上，将"英雄之旅"修改为 3 幕 12 个阶段[21]，如图 2-18 所示。第一幕为出发，英雄在普通的世界中接受历险的召唤，并抵触历险拒绝召唤，当与智者相遇后，英雄受到智者的帮助和启发，进入非常世界，踏上历险的旅程。第二幕为历经磨难，英雄在充满未知的非常世界中，历经考验，不断地战胜敌人获得伙伴，最终成长为一名合格的英雄。第三幕为归来，英雄通过成长获得能力，满载而归。

同时，Christopher Vogler 提出在英雄的旅程中有 8 种人物原型，分别是英雄、智者、伙伴、边界守卫、信使、变形者、叛徒、阴影。8 种人物原型的作用分别是：英雄起到完成使命的作用；智者和伙伴起到指引与帮助的作用；边界守卫和信使起到促进英雄成长的作用；变形者和叛徒起到诱惑英雄的作用，同时起到阻碍的作用；阴影则是英雄所要战胜的敌人或反派。

图 2-18　"英雄之旅"的线性叙事结构模型图

　　玩家与游戏故事产生交互的形式，主要分为线性叙事和互动叙事两种类型。游戏中的线性叙事使玩家只能听命于游戏设计者的安排，而互动叙事则给玩家提供了控制游戏剧情发展的机会，但游戏的互动叙事实际上也是游戏设计者预先设置好的叙事结构，只不过给玩家提供了更多的可供选择的情节分支，最终玩家还是会回到特定的情节，面对同一结局，如图 2-19 所示。

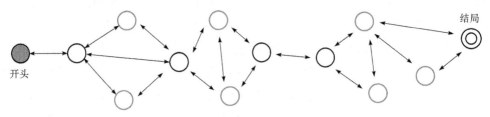

图 2-19　互动叙事结构模型图

## 4. 游戏美术

游戏美术泛指视觉相关的设计，包括游戏角色设计、游戏场景设计、游戏道具设计和游戏界面设计。

游戏角色是游戏的灵魂，贯穿游戏剧情的始终。游戏角色设计有两种思路：其一，以美术为导向的角色设计，侧重设计师的灵感和想象，强化角色的视觉形象；其二，以故事为导向的角色设计，从游戏背景和剧情出发，在深入挖掘游戏角色的人物性格、职业特点、生活习惯、特殊技能的基础上设计角色的外观形象。无论以何种思路设计出来的游戏角色，均需具有自己的标志性特征，以角色身上特有的人物个性来吸引玩家的兴趣，并在游戏中不断地获得成长和改变。

游戏场景也称游戏环境，通过对游戏中的室外建筑、室内空间环境、景观、地貌等方面的设计，营造出一个虚幻的游戏世界。设计游戏场景时，设计师需从游戏的玩法和题材的角度，考虑场景空间的视觉形式；从玩家体验的角度，考虑场景的容纳空间、光影效果和环境氛围；从项目成本的角度，考虑场景的界限和模型细节的呈现。例如，游戏《5G 之速》的场景[1]，设计师不仅充分地营造出一种科幻的氛围，还很好地控制了场景模型的总面数，如图 2-20 和图 2-21 所示。

图 2-20　《5G 之速》的场景设计草图

---

① 河北大学学生游戏作品《5G 之速》，学生：孙颖琦、毕耀淇、朱志波、王启鑫、金庭昊；指导教师：孙弋戈。

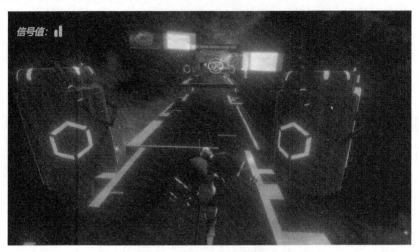

图 2-21　《5G 之速》的游戏场景

　　游戏道具是游戏世界的重要组成部分,好的游戏道具能完美诠释游戏的世界观。游戏道具从功能上看包含陈设型道具(图 2-22)、装备型道具和收藏型道具。在设计游戏道具时,设计师需根据游戏世界观所构建的游戏时代背景、生态环境特征、物种特征、宗教文化特征等因素,构思设计游戏道具的造型、色调和材质,并与游戏的整体美术风格相一致。

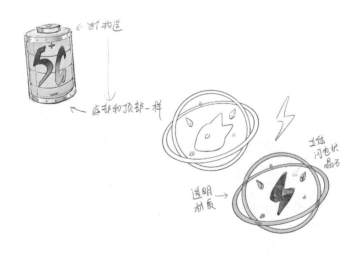

图 2-22　《5G 之速》中陈设型道具"电池能量球"的设计草图

游戏界面是指游戏软件的用户界面，是玩家与游戏世界之间进行交流的桥梁，玩家通过游戏界面控制游戏世界中的角色和事物，游戏世界通过游戏界面给玩家提供信息反馈。从功能上看，游戏界面通常分为游戏初始界面、设置界面和游戏进行中的界面，每个界面主要由菜单、窗口、图标等组件构成。游戏初始界面主要是引导玩家安装游戏的界面；设置界面为玩家提供了个人游戏设置的选项，玩家可以根据个人需求设置游戏属性；游戏进行中的界面主要为玩家提供角色属性、得分情况、道具属性等反馈信息，并为玩家提供控制游戏的图标、窗口等组件。

5. 数值设计

数值设计就是用一系列数学模型来表示游戏意图，如攻击伤害值与攻击距离之间的关系，玩家角色等级的上升与需求经验值之间的关系等[14]。伤害程度和等级升级曲线设计是数值设计的基本内容。游戏中常见的伤害程度计算公式通常分为两类：减法公式和乘法公式。

减法公式：伤害程度=攻击值−防御值；

乘法公式：伤害程度=攻击值×(1−减伤率)。

从上述两个公式中可见，在减法公式中，只有当攻击值大于防御值时，才会造成伤害，否则攻击是无效的。在乘法公式中，只要存在攻击值即能造成伤害。

等级升级曲线反映了游戏角色在游戏中的成长趋势，通常情况是玩家在成熟阶段比初级阶段时每升一级需要更多的经验值，函数 $f(x) = x^a (a > 1)$ 可满足这种需求，因此等级升级曲线可表示为：

$$每一级所需的经验=下一经验等级^3×修正值 1+修正值 2$$

此外，数值设计也是保障游戏平衡性、公平性的重要工具，避免在游戏中出现统治性策略，以实现石头、剪刀、布的效果，即对抗方之间的相生相克。例如，游戏策划师为玩家设计了三个属性各异的兵种，分别是骑兵、弓弩兵和长矛兵，如表 2-1 所示。使用快、慢、弱、中等词不能准确地描述三个兵种之间是否平衡，这时需要给每个属性赋值，将"快"和"大"这两个程度均赋值为 3，将"中"赋值为 2，"慢"、"弱"和"小"这三个程度均赋值为 1。从加权值中可以发现，骑兵比弓弩兵和长矛兵具有更大的优势，玩家势必更愿意选择骑兵（统治性策略），而长矛兵的属性偏弱，必然成了一种摆设，如表 2-2 所示。

表 2-1　种族属性

| 种族 | 移动速度 | 攻击力 | 攻击范围 |
|---|---|---|---|
| 骑兵 | 快 | 弱 | 大 |
| 弓弩兵 | 中 | 中 | 中 |
| 长矛兵 | 慢 | 中 | 小 |

表 2-2　种族属性值

| 种族 | 移动速度 | 攻击力 | 攻击范围 | 加权值 |
|---|---|---|---|---|
| 骑兵 | 快(3) | 弱(1) | 大(3) | 7 |
| 弓弩兵 | 中(2) | 中(2) | 中(2) | 6 |
| 长矛兵 | 慢(1) | 中(2) | 小(1) | 4 |

　　为了改变统治性策略给玩家所带来的影响，同时考虑攻击力比其他属性的作用更大，将攻击力这一项的"弱"修正为 2，"中"修正为 4，此时骑兵与弓弩兵的加权值一样，长矛兵的加权值仍低于弓弩兵和骑兵，如表 2-3 所示，为了平衡兵种，将长矛兵的攻击力修正为"高"（"高"的属性值为 6），如表 2-4 所示。

表 2-3　修正攻击力的属性值

| 种族 | 移动速度 | 攻击力 | 攻击范围 | 加权值 |
|---|---|---|---|---|
| 骑兵 | 快(3) | 弱(2) | 大(3) | 8 |
| 弓弩兵 | 中(2) | 中(4) | 中(2) | 8 |
| 长矛兵 | 慢(1) | 中(4) | 小(1) | 6 |

表 2-4　修正长矛兵的属性值

| 种族 | 移动速度 | 攻击力 | 攻击范围 | 加权值 |
| --- | --- | --- | --- | --- |
| 骑兵 | 快(3) | 弱(2) | 大(3) | 8 |
| 弓弩兵 | 中(2) | 中(4) | 中(2) | 8 |
| 长矛兵 | 慢(1) | 高(6) | 小(1) | 8 |

#### 6. 游戏关卡

游戏关卡设计就是设计场景和物品以及目标与任务，提供给玩家一个活动的舞台[13]。游戏关卡通常分为教学关卡、标准关卡、枢纽关卡、boss 关卡和额外奖励关卡。教学关卡的主要目的是使玩家掌握基本技能。标准关卡是游戏中的基础关卡，能使玩家体验到游戏的特征和玩法。枢纽关卡主要用于连接其他关卡，并给玩家提供各种装备和补给。boss 关卡的挑战难度大于标准关卡，给玩家带来更大的挑战压力，有时 boss 关卡的游戏机制有别于标准关卡。额外奖励关卡主要给玩家提供奖励、增加游戏兴趣，使玩家在紧张刺激的游戏中获得片刻的放松。不同类型的游戏关卡设计的关注点也各不相同，例如，体育游戏的每个关卡就是一场独立的比赛，角色扮演游戏的每个关卡侧重给玩家提供不同的成长经历。

游戏关卡的基本设计规则是明确关卡目标、适时的反馈和合理的难度。明确关卡目标是指要让玩家知道需要完成的任务。适时的反馈主要是指要为玩家行为提供指引，让玩家明白自己应该在关卡中做什么。合理的难度是指让玩家觉得游戏有一定的挑战，而又不会因挑战难度过大而放弃游戏。

### 2.2.3　教育游戏设计方法

#### 1. 教育游戏的设计模型

教育游戏通常是指蕴含一定教育目的的游戏，玩家在游戏过程中获得有价值的学习经验。教育游戏设计者在设计教育游戏时，考虑游戏可玩性的同时，还需注重游戏的教育性，具有代表性的教育游戏设计模式分别是 Alan Amory 等从游戏性和教育性之间的辩证视角提出的面向对象的教育游戏设计模型(game object mode，GOM)[22]；Kristian Kiili 则关注学习者在游戏过程获得良好学习体验的途径，并结合心流理论提出了体验式游戏设计模型(experiential gaming model)[23]；宋敏珠和章苏静将教育游戏看成一种游戏化学习环境，融合了有效学习环境、流体验和学习动机，提出 EFM 教育游戏设计模型[24]，EFM 分别是有效学习环境(effective learning environment)、流(flow)体验和学习动机(motivation)的首字母缩写。Gunter 等将教育游戏视为一种辅助教学活动的工具，提出 RETAIN 教育游戏设计模型[25]，RETAIN 分别是相关(relevance)、嵌入(embedding)、迁移(transfer)、适应(adaptation)、沉浸(immersion)和自然化(naturalization)的首字母缩写。

GOM 由游戏空间、视觉空间、要素空间和问题空间构成，每个空间再分别由不同的抽象属性(有待实现的教育目标)和具体属性(实现教育目标的游戏设计要素)构成。游戏空间主要由玩、探索、挑战和投入四个抽象属性构成；视觉空间由批判性思维、竞争、实践等抽象属性和具体属性故事线索构成；要素空间由抽象属性娱乐和图形、技术、声音三个具体属性构成；问题空间由交流、读写能力、记忆和肌肉运动四个抽象要素构成。在具体的教育游戏设计中，GOM 强调游戏叙事的重要性，学习任务需融入游戏故事中，并且学习难度随着故事情节的推动而逐渐增大。

体验式游戏设计模型由游戏挑战任务、构思回路和体验回路组成。游戏挑战任务往往基于某种学习目标，以挑战任务的形式激发学习者的兴趣。接下来，学习者在构思回路中形成解决挑战任务的初步方案。然后在体验回路中，游戏系统向学习者提供清晰的目标和合适的反馈，学习者通过反思和观察行动的结果以形成更好的解决方案。

EFM 教育游戏设计模型指出教育游戏设计者需遵循有效学习环境的七个必备条件来设计游戏。这七个必备条件分别是：提供高度的交互和反馈；具有明确的目标和预定的程序；具有激励机制；提供持续的挑战感；提供直接参与感；为使用者完成任务提供适当的工具，让他们得到帮助而不放弃；避免因为干扰和中断而破坏主观体验[26]。在具体的教育游戏设计过程中，设计者要制定清晰的游戏目标、明确的游戏反馈、适当的游戏挑战任务等，以使学习者具有良好的心流体验，同时将激发学习动机的关联策略、自信策略、满意策略和注意策略分别与游戏目标、游戏挑战、游戏反馈和玩家兴趣相结合，从而激发学习动机，促进学习。

RETAIN 教育游戏设计模型中的六部分具体含义分别是：①相关，是指游戏所创设的情境要贴近学生的生活，并根据学习者已有的知识和经验、需求及学习风格设计游戏内容。②嵌入，是指将学习总目标分解为若干子目标，并将与子目标相关的学习内容融入游戏情境之中。③迁移，是指通过游戏挑战任务的难度变化，给学习者提供应用已学知识的新情境。④适应，是指学习者在游戏过程中将新知识纳入自己的认知结构中。⑤沉浸，是指利用明确的游戏目标、及时的游戏反馈、适当的挑战，使学习者达到高峰体验。⑥自然化，是指教育游戏所需达到的效果，学习者实现认知自然化，能娴熟地运用知识解决问题。

此外，对于教育游戏的评价，主要从用户的学习需求是否满足、教师的教学需求是否满足、游戏的教育性和游戏性是否平衡等方面进行评价。例如，董哲哲以 Hartmann 的用户体验影响因素改进模型为理论基础，从感知美感、可用性、教育性、游戏性和需求五个维度构建了教育游戏用户体验评价指标体系(user experience rubric for educational games-CH)[27]，该评价指标体系不仅起到指导教育游戏设计的作用，还能帮助教育游戏的使用者和研究者了解教育游戏的本质，如表 2-5 所示。

## 表 2-5　用户体验评价指标体系

| 一级指标 | 二级指标 | 二级指标描述 | 优 | 良 | 中 | 差 |
| --- | --- | --- | --- | --- | --- | --- |
| 感知美感 | 界面设计清晰 | 我能看清游戏界面上的字、图 | | | | |
| | 界面的菜单安排有序 | 我能快速找到我需要的命令按钮 | | | | |
| | 界面元素新颖有趣 | 我觉得游戏界面元素有新鲜感、有趣 | | | | |
| | 界面制作精致不粗糙 | 我觉得游戏画面清晰度高、画面逼真 | | | | |
| | 界面令人感觉很愉快 | 我看到游戏界面情绪上很愉快 | | | | |
| 可用性 | 容易记忆 | 我能记住游戏中的符号所代表的含义 | | | | |

续表

| 一级指标 | 二级指标 | 二级指标描述 | 优 | 良 | 中 | 差 |
|---|---|---|---|---|---|---|
| 可用性 | 容易操作 | 游戏中的操作比较顺手、按键位置比较合理 | | | | |
| | 容易学习 | 我能较快地学会如何使用这款游戏 | | | | |
| | 游戏运行稳定没有故障 | 游戏使用过程中没有 bug | | | | |
| | 系统反馈明显、及时、恰当 | 我能通过系统的反馈知道自己的每一步操作的结果 | | | | |
| 教育性 | 知识反馈明确、及时 | 我能从游戏中及时地知道我所学到的知识的对错 | | | | |
| | 关卡设计符合学习规律 | 游戏关卡的设计符合学习者认知规律和一般的生活逻辑 | | | | |
| | 内容可靠、形式灵活多样 | 游戏中知识内容是准确可靠的、内容呈现形式是多样的 | | | | |
| | 学习目标清晰 | 能清楚地知道自己的学习目标 | | | | |
| | 技能与挑战的平衡 | 我能通过自己的努力完成这个游戏 | | | | |
| 游戏性 | 适度的挑战 | 游戏中的挑战激发我想学习的积极性 | | | | |
| | 合理的激励 | 我很满意在这个游戏中获得的奖励 | | | | |
| | 可选择性 | 我可以选择学习内容 | | | | |
| | 有吸引力的情节 | 我觉得这个游戏情节很吸引人 | | | | |
| | 明确的游戏规则 | 我能很清楚地知道这个游戏的规则 | | | | |
| 需求 | 游戏的学习内容达到或超出学习者需求 | 我很容易就能掌握这个游戏中的知识点 | | | | |
| | 游戏的功能达到或超出学习者需求 | 游戏中的学习功能满足我学习这部分知识的需求 | | | | |

## 2. 教育游戏设计的要点

教育游戏是一种具有游戏特性和教育目的的电子游戏，以寓教于乐的方式引发学习者的好奇心，激励学习者去探索。

Rodney Myers 在研究严肃游戏时，提出了游戏空间的十大基本元素：目标(goals)、游戏机制(game mechanics)、规则(rules)、游戏者(players)、环境(environment)、客体(objects)、信息(information)、技术(technology)、陈述(narrative)和美学(aesthetics)[28]。在 Rodney Myers 的基础上，教育游戏的要素可以归纳为游戏目标、游戏机制、游戏规则、挑战、游戏叙事和教育游戏环境。

教育游戏的游戏目标即学习者的学习目标，设定了学习者完成游戏后所能达到的学习效果。游戏机制是玩家在游戏中的重复性操作行为，教育游戏的游戏机制需与学习机制建立关联,通过学习者与游戏的互动，使学习者的经验不断积累，以达到促进学习的目的。教育游戏的游戏规则包括学习者的操作规则，以及学习者在游戏世界中所需遵守的行为规则。教育游戏中的挑战即学习者需完成的学习任务，并能给予学习者即时反馈。教育游戏中的游戏叙事主要为学习内容创设了与之相关的学习情境。教育游戏环境主要是指游戏的物理空间和学习者在游戏世界中的视角。

开发教育游戏时，需重视如下三方面：将学习内容与游戏机制建立联系，利用游戏叙事和游戏角色来调动学习者情感，设计适当的游戏任务和学习反馈。

1)将学习内容与游戏机制建立联系

学习内容确定了玩的内容，游戏机制明确了怎样玩。设计教育游戏时，设计者根据学习内容分析其背后的学习机制，并基于此创造出游戏机制，进而使学习者通过游戏中的互动来促进学习。例如，游戏《单词跑得快》的学习目标是使初中生了解词根、词缀的组合形式，并通过游戏提升其词汇量，如图 2-23 所示。英语的词根和词缀具有一定的规律性，当学习者掌握了基本词根、词缀的意义及构词方法之后，就可以利用英语词汇本身的规律进行联想对比和归纳总结，就能由一个词想起与之关联的其他词，或者根据已知的单词推测未知词义的单词，进而从质量、数量和速度三方面突破记忆词汇这一难关。《单词跑得快》的游戏规则为：在游戏开始时，每位玩家获得 10 张随机手牌。拿到牌后，玩家需要将手中可以拼凑成完整单词的单词牌打出。场上无玩家可拼出单词时，由率先拼出单词者开始，按顺序依次盲抽下家单词牌。若能拼出单词即可打出，不占回合数；若当前单词牌仍无法凑出完整单词，则该玩家本回合跳过或选择使用手中的功能牌。以此类推，若场上所有玩家都没有可以打出的单词牌，则从牌堆上方翻出一张单词牌，所有玩家与该单词牌进行配对。翻牌直到有玩家可拼出单词。由率先打出单词的玩家继续抽取下家手中的牌。直至其中一位玩家手中的单词牌全部打出，则该玩家获胜。

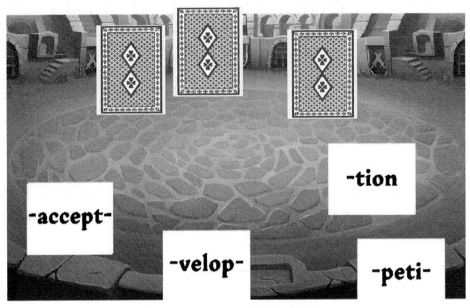

图 2-23　游戏《单词跑得快》

学习内容不仅包含知识(陈述性知识、程序性知识、策略性知识等)、技能(智力技能、动作技能等)，还包括沟通、合作、创造力、批判思维等能力。例如，游戏《拆弹专家》的学习目标为，玩家通过双人协作，揭开一些逻辑推理类的谜题，最终拆除炸弹。在游戏的过程中锻炼玩家的逻辑推理能力、沟通能力以及小组合作能力，并增进玩家间的友谊[①]，如图 2-24 所示。游戏《拆弹专家》的规则为：玩家 A 单击"开始"按钮开始游戏，玩家 B 打开拆弹手册，玩家 B 依据拆弹手册上的提示，如表 2-6 所示，指导玩家 A 拆弹，若拆弹成功，则进入下一关卡；若拆弹失败，则重新开始。

---

① 首都师范大学学生游戏作品《拆弹专家》，学生：张紫璇、岳妍；指导教师：乔凤天。

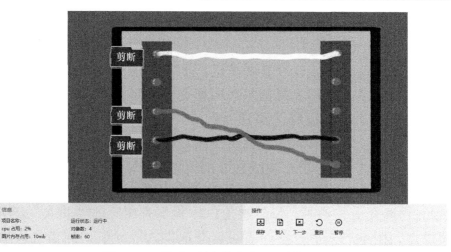

图 2-24　游戏《拆弹专家》预览界面

表 2-6　游戏《拆弹专家》的拆弹手册

| 拆弹手册 | |
| --- | --- |
| 炸弹有红、白、蓝、黄、黑五种颜色的导线 | |
| 当有 3 根导线时 | 若没有红线，则剪断第三根线；<br>否则，如果最后一根为黄线，则剪断第一根线；<br>否则，如果有不止一条蓝线，则剪断最后一根蓝线；<br>其他情况剪断第二根线 |
| 当有 4 根导线时 | 若不止一条红线且存在黄线，则剪断第一根红线；<br>否则，如果最后一根为黄线且没有蓝线，则剪断第二根线；<br>否则，如果存在一根黑线，则剪断最后一根线；<br>否则，如果不止一根黄线，则剪断最后一根线；<br>其他情况剪断第二根线 |
| 当有 5 根导线时 | 若最后一根线为黑线且没有红线，则剪断最后一根线；<br>否则，如果只有一根红线且不止一根黄线，则剪断红线；<br>否则，如果没有黑线，则剪断第二根线；<br>否则，如果存在白线，且最后一根为蓝线，则剪断第三根线；<br>其他情况剪断第四根线 |

2) 利用游戏叙事和游戏角色来调动学习者情感

教育游戏通过故事的叙述将学习者置入游戏世界之中，学习者在剧情的推动下完成一系列的学习任务，此外，好的游戏剧情还能给学习者带来爱、尊重、信任等各种情感体验，激励学习者更好地完成挑战任务。

游戏角色的造型、行为表现方式、说话的音调等也能调动学习者的情感体验。

　　例如，角色扮演游戏《趣味英语巧助人》的故事发生在有很多外籍居民的凡尔小镇，每年3月凡尔公司都会在凡尔小镇举办"学雷锋，树新风"助人活动，小镇居民都可以参与其中[①]。学习者可以在凡尔小镇上帮助小镇居民解决所遇到的英语困难，例如，帮助杂货铺姥姥解决难题，如图2-25所示；解决Mr.Right的求医困扰；协助Jack完成聚会采购；进入酒店探寻宝物；体验饮品店收银员的繁忙工作，如图2-26所示；为John挑选登山装备等。每一次角色体验都有相应的"助人"任务，成功帮助遇到困难的人后，学习者可以获取助人经验值，凭借经验值的高低可以在凡尔公司领取专门为小镇活动室准备的公共物资（玩偶、书架、

图2-25　《趣味英语巧助人》中杂货铺的场景

---

① 首都师范大学学生游戏作品《趣味英语巧助人》，学生：阙荣苹、舒丽丽、张津铭；指导教师：乔凤天。

钢琴等)。游戏将学习者置于情境化角色扮演的学习环境中,游戏剧情推动了挑战任务的展开,借助英汉互译、情景对话、单词拼写、基础算数等多种题型来巩固学习者的英语知识,并在帮助 NPC 解决问题的过程中培养学习者乐于助人、换位思考的品质。

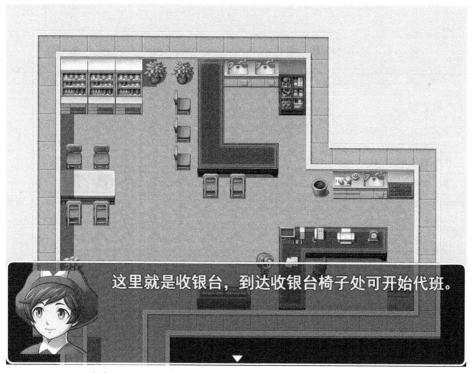

图 2-26　《趣味英语巧助人》中饮品店的场景

再如,游戏《垃圾大作战》[①]中的哒末末王国由于人们缺乏环保意识,哒末末王国的环境遭到了严重的破坏,为了保卫和守护哒末末王国,哒末末王国的每一位居民都有责任和义务执行垃圾分类的相关法令,垃圾大作战自此展开。学习者扮演哒末末王国的居民,在侍卫"佐佐"的带领下,进入餐厅、超市、服装店和家具城四个场景,学习者在每个场景中只能停留 60 秒,在这 60 秒内,学习者要将垃圾投入正确垃圾桶内。学习者在游戏中,深切地体验到每个人都有保护环境的使命和责任。

---

① 教育游戏《垃圾大作战》由中国人民大学附属中学丰台学校教师张诗芸提供。

3) 设计适当的游戏任务和学习反馈

教育游戏的任务在本质上体现了不同层次的学习目标和学习进展，换句话说，要根据学习进阶来设计游戏任务。Jones 基于心流理论提出了游戏任务设计的设计标准及实现方法，使游戏任务的设计更符合学习科学的规律[29]，如表 2-7 所示。

**表 2-7　心流体验标准及其在游戏任务设计时的实现方法**[29]

| 设计标准 | 实现方法 |
| --- | --- |
| 1. 任务能够完成 | 依照最近发展区理论构建脚手架任务 |
| 2. 学习者能够集中精力在任务上 | 在环境操作中减少认知负担，初始设置低水平的认知任务 |
| 3. 任务有清晰的目标 | 提供与学习者和学习内容相关的问题 |
| 4. 任务提供即时反馈 | 环境对用户的交互做出相应的响应 |
| 5. 能够很容易沉浸在任务中，意识不到周围的真实世界 | 任务的相关性，工具的流畅整合以及环境的操作机制，能够帮助学习者实现期望目标 |
| 6. 学习者可以练习控制他们的行动 | 学习者控制环境；有能力操纵期望区域；有能力改变环境，观察结果 |
| 7. 在流状态中，自我意识消失，但是在流体验活动之后，自我意识增强 | 能够完成的目标；完成在最近发展区内的任务；消除个人的"威胁" |
| 8. 时间感被改变 | 任务和信息在各个阶段过程中必须是平滑衔接的，不会出现脱节的感受 |

Charles Reigeluth 指出游戏设计者要为学习者提供难易适度的游戏，使他们处于最近发展区。学习者完成游戏任务时，应掌握该任务中所蕴含的知识、技能及应有的学习态度，游戏系统需自动记录学习者的学习状态，为学习者提供各种帮助并对其进行评估，同时允许学习者再次返回游戏[29]。例如，游戏《人体保卫战》①，把人体的器官和组织作为游戏关卡背景，在每个关卡中有一个核心保护物，玩家通过武装效应 B 细胞、效应 T 细胞、巨噬细胞等进行防御，快捷有效地把细菌、病毒等阻挡在入侵人体的道路上，使玩家认识人体组织、了解卫生保健及免

---

① 首都师范大学学生游戏作品《人体保卫战》，学生：吴子凌、吴书明、张鸿博；指导教师：乔凤天。

疫方面的知识，如图 2-27 所示。

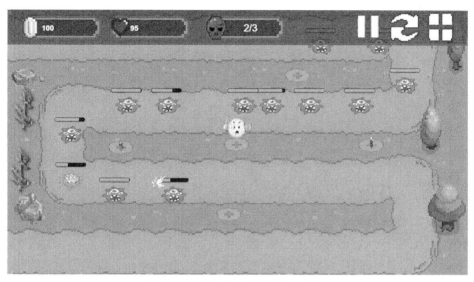

图 2-27　游戏《人体保卫战》

# 第3章 游戏界面设计

游戏界面是玩家与游戏世界建立起互动联系的纽带，何为游戏界面？设计电子游戏的界面需要注意哪些要素？常见的图形设计和界面设计的方法与工具又是什么？本章将对上述问题进行探讨，并通过具体实例，介绍界面设计常用的软件。本章的结构图如图 3-1 所示。

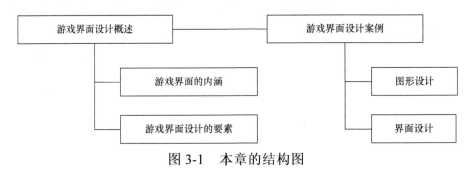

图 3-1　本章的结构图

## 3.1　游戏界面设计概述

在电子游戏中，玩家通过游戏界面控制自己在游戏世界中的化身进行游戏，游戏界面直接影响了玩家的游戏体验。设计游戏界面时，设计师不仅要考虑界面是否给玩家带来舒适的交互体验，还要重视界面是否给玩家带来良好的视觉体验。

### 3.1.1　游戏界面的内涵

在人机交互中，界面能影响用户的操作行为和互动方式。电子游戏作为一种典型的人机交互形式，玩家借助游戏界面与游戏世界建立联系，通过游戏界面控制自己在游戏世界中所扮演角色的行动，并接收来自游戏世界的反馈，如图 3-2 所示。

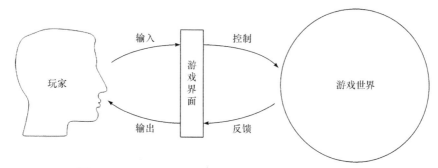

图 3-2　玩家通过游戏界面与游戏世界建立联系

　　游戏界面主要由物理界面和虚拟界面构成，物理界面是指游戏的控制器，比如手柄、键盘、鼠标都是比较常见的控制器。游戏手柄是玩家可以把控制器握在手中的输入设备，Atari2600 是一款较早的能操控八个方向的游戏手柄，并配有一个单独的射击按键，如图 3-3 所示。Xbox360 则是一款非常先进的游戏手柄，玩家不仅能灵活自如地操控方向，还能通过手柄上的圆形按键直接控制计算机开机，并且 Xbox360 手柄上的其他按键具有各不相同的默认功能，例如，A 键是控制跳跃的，B 键是控制蹲和爬的，Y 键是控制武器更换的，X 键是控制捡东西的，如图 3-4 所示。

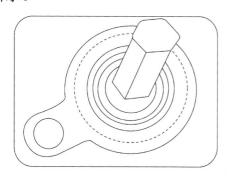

图 3-3　Atari2600 游戏手柄示意图　　图 3-4　Xbox360 游戏手柄示意图

　　在 PC 上，玩家通过键盘和鼠标操控游戏，因此，键盘和鼠标属于 PC 端常见的物理界面。此外，还有一些特殊的控制器，例如，PSVR Aim 控制器的外形是一种手枪状手持设备，如图 3-5 所示，可以让玩家在玩第一人称射击(first-person shooting，FPS)游戏时更加方便地瞄准目标，提升玩家的射击体验。

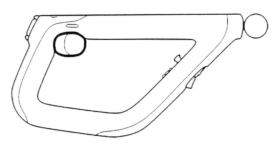

图 3-5　PSVR Aim 控制器示意图

虚拟界面主要是指玩家在游戏世界中所能看到的各种图形和文字信息，虚拟界面主要起到提示、反馈、说明和指引的作用。

虚拟界面的构成要素主要包括得分、生命数、健康值、地图、角色等。得分，是显示玩家在游戏中所获得的成就的主要方式，例如，游戏《吃豆人》的游戏目标是玩家把所有的豆子吃掉，界面上的数字直观地呈现出玩家吃掉豆子后所获得的分数以及最高分，如图 3-6 所示。生命数和健康值表示玩家能玩的次数，例如，在游戏《阳光马里奥》中，玩家的剩余生命数在界面中以数字的形式显示出来,当玩家失去所有生命后，便需要重新开始游戏，如图 3-7 所示。

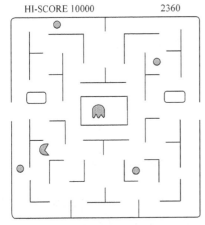

图 3-6　游戏《吃豆人》界面示意图　　　图 3-7　游戏《阳光马里奥》界面示意图

地图是游戏中很重要的内容，能使玩家辨识游戏世界，找寻到在游戏世界中行进的路线。例如，在即时战略游戏中，玩家通过地图既能看到宏观的疆域，又能观察到微观的景象，便于玩家进行资源采集、防御和攻击的操控。有些游戏则采用与真实世界地图类似的游戏地图。为了增加玩家的操控感，有时允许玩家在地图上添加自定义标记，探索其感兴趣的地形。在玩家具有极大自由度的沙盒游戏中，虽然没有地图引导玩家在游戏世界中行进，但会给玩家提供类似 GPS 的导航，使玩家可以确定当前位置并规划路线。

角色界面主要向玩家呈现玩家角色本身具有的或在游戏过程中获得的技能和属性。在游戏开始时，玩家就会在角色界面中，查看不同游戏角色的技能和属性，并选择自己喜欢的游戏角色。角色界面中的技能和属性通常包括人物名称、兵种、等级、生命、物理防御、物理攻击、物理闪避、物理暴击、速度、经验等。另一个与玩家角色相关的界面就是装备包或储物箱，能够让玩家储存得到的物品，如图 3-8 所示。

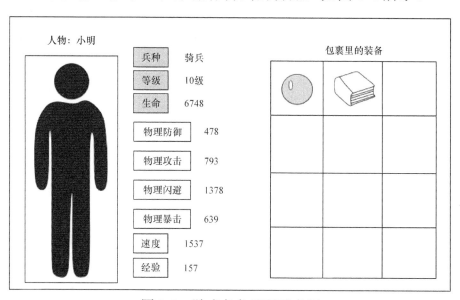

图 3-8　游戏角色界面示意图

## 3.1.2　游戏界面设计的要素

游戏作为一种具有虚拟性、沉浸性、娱乐性的非严肃活动，能给玩家营造出一种可玩且愉悦的幻境体验。因此，游戏界面设计要以玩家为中心，首要考虑的是玩家如何能更好地玩游戏，在了解玩家在游戏中可完成的动作、所面临的任务后，通过界面给玩家提供更好的游戏体验。设计游戏界面时，需关注的要素有屏幕布局、视觉风格、交互程度和即时反馈。

屏幕布局是指游戏画面与界面信息在屏幕上的分布状态。设计屏幕布局时，要遵循最简化原则，即玩家只需一眼就能看到所需的信息，简洁的界面能降低玩家由于短期记忆所产生的疲劳感。常见的屏幕布局如图 3-9 所示，其中，白色区域为游戏画面区域，灰色区域是显示界面信息的区域。

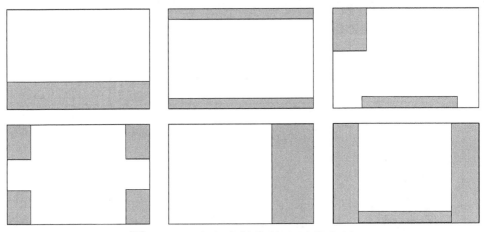

图 3-9　具有代表性的游戏屏幕布局

视觉风格上主要遵循统一性原则，统一性主要表现为游戏画面的美术风格与游戏界面的设计风格相统一，设计游戏界面之前要了解游戏的故事背景、概念原画、过场动画等，这样才能使界面与画面之间的视觉风格相一致。视觉风格的统一性具体体现在游戏界面的颜色、图标、字体及文字大小写等方面的风格一致。

在颜色方面，主要表现为游戏界面内使用的色彩要遵循统一的配色方案，色彩基调与游戏的整体视觉保持统一。例如，游戏《保卫萝卜》是一款萌系可爱风格的塔防小游戏，玩家的任务就是保卫好萝卜，别让它被外星人吃掉，游戏画面色彩的亮度和饱和度都较高，将游戏画面进行模糊化处理后，提取界面中的颜色，如图 3-10 所示，不难发现界面中的配色基本上是围绕游戏画面的基本色来设定的。

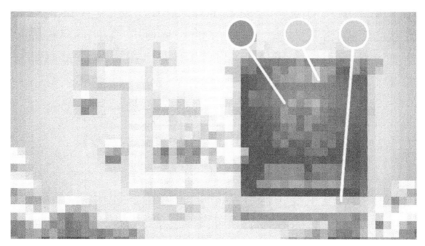

图 3-10　游戏《保卫萝卜》的界面配色分析

在图标方面，同一游戏界面中的图标尺寸大小、占用面积及线条的绘制风格要一致。如图 3-11 所示，两个表示定位的图标，均是由两个同心圆和一个等腰三角形构成的，但仔细看两种图标的绘制方法又有所不同，左侧图标中的等腰三角形的底边与大同心圆的直径相等，右侧图标中的等腰三角形的腰与外侧圆相切,绘制方法的差异导致视觉效果不同。此外，图标设计上要寻求国际通用性，使不同国籍、种族的玩家都能理解图标的意义，例如，放大镜图标的隐喻是查找所产生的视觉差异，如图 3-12 所示。

图 3-11　图标绘制方式的不同　　　　　　图 3-12　放大镜图标

在文字方面，文字首先要具有易读性，方便玩家快速获得信息。其次，文字字体、大小要统一。例如，文字字体中衬线体和非衬线体，主要区别是笔画的始末位置是否有额外的装饰，中文的仿宋体是衬线体的代表，笔画始末端均有装饰，英文字体 Californian FB 的笔画特征与仿宋体比较接近，风格较为统一；中文的黑体则是典型的非衬线体，文字的笔画粗细一样，与中文黑体相配合的英文字母也应是笔画同样粗细的字体，如英文字体 NewsGoth BT，如图 3-13 所示。

中文字体 仿宋体　　**中文字体　黑体**

Californian FB　　　　**NewsGoth BT**

图 3-13　文字字体的统一性

　　界面的交互程度主要反映在界面是否好用、能用上，要使玩家觉得能流畅地玩游戏。设计者在设计界面时要始终考虑功能性，如导航的功能就是要使玩家能够快捷地明确方向，规划路线。此外，要给玩家提供回退操作，允许简单的操作撤销，并设置相应的快捷键。

　　即时反馈，需要设计师了解玩家所需完成的任务要求，通过界面给玩家的每个动作提供相应的明确反馈，这种反馈可以是文字、图形或声音。例如，在游戏《人体保卫战》中，每当游戏角色白细胞消灭一个病毒细胞时，会产生爆破的画面效果，并同时发出加分提示的文字和音效，如图 3-14 所示。

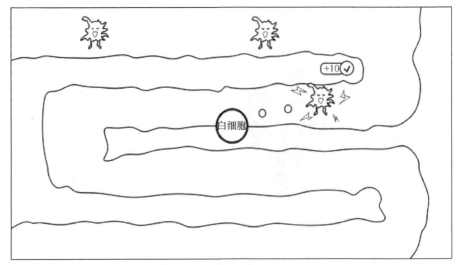

图 3-14　游戏《人体保卫战》的反馈信息示意图

## 3.2　游戏界面设计案例

游戏界面是玩家与游戏世界之间交换信息的载体，在设计时需要注意功能实现、操作逻辑、人机交互、易用性、视觉表现等方面。本节从图形设计和界面设计的具体实例出发，简要介绍游戏界面设计的基本思路和常用工具。

### 3.2.1　图形设计

图形是游戏界面的重要构成要素，常见的图形有按钮、进度条、滑竿、复选框、图标等。本节主要以按钮和图标为例，介绍图形设计的基本绘制方法。

#### 1. 按钮

在游戏界面中，按钮是一种信息提示，按钮通常分为选择按钮和事件触发按钮，例如，关闭或打开某种功能的按钮就是选择按钮，而界面中的"开始游戏"就是一个事件触发按钮，玩家单击"开始游戏"按钮后，游戏就被激发了。

按钮的样式多样，从按钮内部区域的填充情况看，可分为实心按钮和线性按钮，如图 3-15 所示。从按钮的外形上看，可分为圆角矩形按钮、方形按钮、图标按钮和标签按钮，如图 3-16 所示，其中图标按钮是指图标本身起到按钮的功能，标签按钮是指通过一个标签说明按钮的意义，有时为了让玩家更好地理解按钮的含义，标签按钮还会配上图标。

(a) 实心按钮　　　　　　　　(b) 线性按钮

图 3-15　实心按钮和线性按钮

(a) 圆角矩形按钮　　　(b) 方形按钮　　　(c) 图标按钮　　　(d) 标签按钮

图 3-16　不同外形的按钮

　　常用的绘制按钮的软件有 Photoshop、CorelDRAW 和 Illustrator。CorelDRAW 和 Illustrator 主要用于矢量图形的绘制，Photoshop 则既可以绘制矢量图也可以处理位图图像。接下来，基于 Photoshop 绘制一个"开始游戏"按钮，将使用到"圆角矩形工具"、"文字工具"和"图层样式"。

　　首先，新建一个宽度为 450 像素、高度为 300 像素、分辨率为 72 像素/英寸(1 英寸=2.54 厘米)，颜色模式为 8 位 RGB、背景内容为透明的画布，并将画布命名为"开始游戏按钮"，如图 3-17 所示。

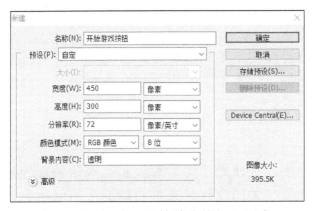

图 3-17　新建"开始游戏按钮"画布

　　其次，在工具箱中选择"圆角矩形工具"，如图 3-18 所示，并将"圆

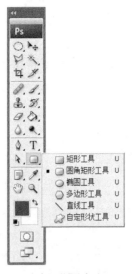

图 3-18　选择"圆角矩形工具"

角矩形工具"的绘制属性设置为"填充像素"。同时，双击"设置前景色"按钮，在拾色器中，设定前景色的颜色为深蓝色，作为"开始游戏按钮"的填充色，如图 3-19 所示，接下来在画布中绘制出一个圆角矩形，就形成了"开始游戏按钮"的轮廓，如图 3-20 所示。

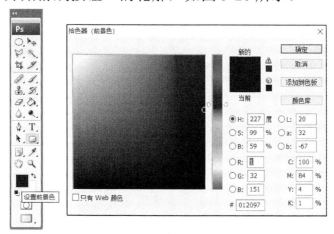

图 3-19　设置"开始游戏按钮"的填充色

图 3-20　"开始游戏按钮"的轮廓

　　为了给"开始游戏按钮"增加些质感，在"图层"窗口中，选择"开始游戏按钮"这一图层后右击，弹出一个浮动菜单并选择其中的"混合选项"，如图 3-21 所示。在"混合选项"中，选择"斜面和浮雕"属性，将样式设置为"内斜面"，并分别设置相应的深度、大小和软化的数值，如图 3-22 所示，这时"开始游戏按钮"呈现出立体效果，如图 3-23 所示。继续在"混合选项"中，选择"光泽"属性，将混合模式设置为"变亮"，并分别设置相应的距离和大小的数值，如图 3-24 所示，然后调整"等高线编辑器"的曲线，如图 3-25 所示，增加"开始游戏按钮"表面光感，使按钮更加明亮剔透，如图 3-26 所示。

图 3-21　通过混合选项给按钮增加质感

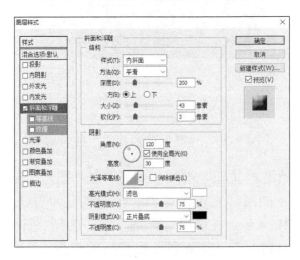

图 3-22　设置按钮的"斜面和浮雕"属性

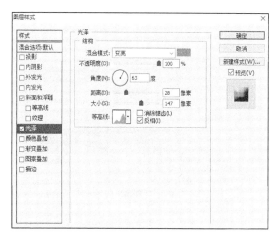

图 3-23　给按钮添加"斜面和浮雕"
　　　　后的效果

图 3-24　设置按钮的"光泽"属性

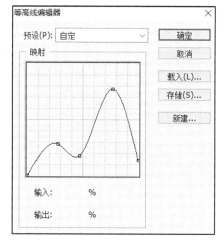

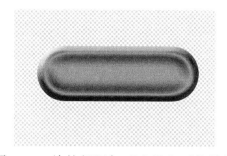

图 3-25　调整"等高线编辑器"的
　　　　曲线

图 3-26　给按钮添加"光泽"后的效果

　　　然后，在"图层"面板，创建新图层，用于制作文字"开始游戏"，如图 3-27 所示。在工具箱中选择"横排文字工具"选项，如图 3-28 所示，然后设置文字的字体为黑体，调整文字大小，并在画布中输入文字"开始游戏"，如图 3-29 所示。在"混合选项"中，给文字图层增加"斜面和浮雕"属性，使文字立体效果更明显，如图 3-30 所示，并添加"内发光"效果，将内发光中的混合模式设置为"变亮"，将不透明度设置为 100%，如图 3-31 所示，这样提升了文字高光部分的亮度，如图 3-32 所示。

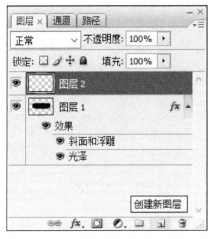

图 3-27　创建新图层用于制作文字"开始游戏"

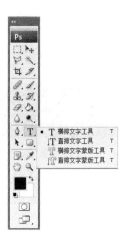

图 3-28　选择"横排文字工具"选项

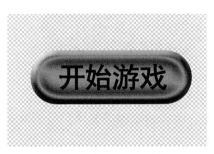

图 3-29　创建文字"开始游戏"

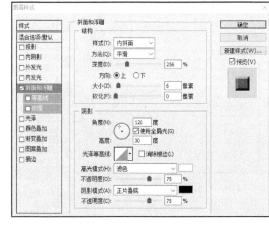

图 3-30　设置文字的"斜面和浮雕"属性

当绘制好按钮后，为了使按钮保留透明通道，需在菜单栏中单击"存储为"命令，并将格式设置为 PNG，如图 3-33 所示，随后会弹出一个"PNG 选项"对话框，将 PNG 交错方式设置为"无"，如图 3-34 所示。此时，带有透明通道的按钮图片就制作完成了，可作为界面素材被随时调用。

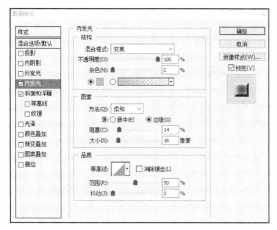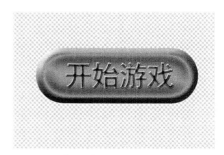

图 3-31　设置文字的"内发光"属性　　图 3-32　给文字添加"内发光"效果

图 3-33　将按钮图片存储为 PNG 格式

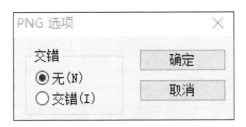

图 3-34　设置 PNG 选项

2. 图标

图标是指界面中的标识符号，图标需具有较好的识别性和概括性，使玩家很容易理解其意义。从美术风格上看，图标主要分类为矢量类图标和写实类图标。矢量类图标主要体现在视觉上的扁平化，通过用线条和单色来表现主题含义。写实类图标主要体现在材质、形体和质感上，采用写实描绘的方式。

写实类图标的绘制多使用软件 Photoshop。矢量类图标可以使用 Photoshop 的路径功能进行绘制，也可以使用专门绘制矢量图形的 CorelDRAW 和 Illustrator。

以图标"静音"为例，介绍 CorelDRAW 绘制矢量图标的基本方法。首先，创建新文档，并命名为"静音图标"，如图 3-35 所示。在工具箱中，使用"椭圆形"绘制工具，在画布上绘制一个椭圆，在属性栏中，将椭圆的宽度和高度均设置为 50.0mm，轮廓宽度设置为 6.0pt，这样得到一个正圆，如图 3-36 所示。

其次，使用"矩形"工具绘制话筒，将矩形的宽度和高度分别设置为 10.0mm 和 25.0mm，轮廓宽度设置为 4.0pt，如图 3-37 所示，选择工具中的"形状工具"（ ），对矩形进行编辑，使矩形成为胶囊的形状，如图 3-38 所示。

然后，绘制话筒的底座，使用"椭圆形"绘制工具，在画布上绘制一个椭圆，在属性栏中，将椭圆的宽度和高度均设置为 25.0mm，轮廓宽度设置为 4.0pt，单击椭圆属性栏中的"绘制弧形"按钮，设置起始角度和结束角度分别为 10.0° 和 170.0°，如图 3-39 所示。利用"2 点线"工具，绘制"话筒"的底座并设置线的宽度为 4.0pt，如图 3-40 所示。同样利用"2 点线"工具绘制一条 4.0pt 宽的斜线，表示静音，如图 3-41 所示。

图 3-35　新建"静音图标"文档

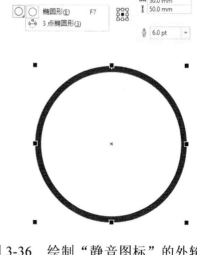

图 3-36　绘制"静音图标"的外轮廓

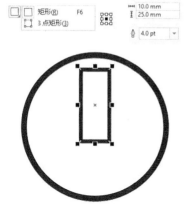

图 3-37　绘制"话筒"的外轮廓

图 3-38　矩形成为胶囊的形状

图 3-39　绘制"话筒"底座的托

图 3-40　绘制"话筒"的底座

最后，需将所有图形居中对齐，先框选所有图形，在菜单栏中，选择"对象"中的"对齐与分布"命令组中的"水平居中对齐"选项，所有图形自动居中对齐，如图 3-42 所示。

图 3-41　绘制表示"静音"的斜线　　　　图 3-42　　"静音图标"的所有图形居中对齐

以游戏《抓元素球球》中的图标"铝元素"为例，介绍基于 Photoshop 的写实类图标的绘制方法。《抓元素球球》是以"化学元素"和"娃娃机"为主题的一款单人益智类游戏[①]。玩家在一定时间内挑战记忆化学元素周期表，记忆完毕后根据 NPC 小猴子悠悠给的指令，从球球机里找到对应的化学元素球，并通过操作键盘来抓出相应的元素球到取物框中，玩家获得相应的积分。该游戏通过不同"化学元素"图标的颜色和质感的差异，帮助玩家进行记忆。

首先，新建一个宽度为 600 像素、高度为 600 像素、分辨率为 72 像素/英寸、颜色模式为 8 位 RGB、背景内容为白色的画布，并将画布命名为"图标铝元素"，如图 3-43 所示。

其次，绘制"铝元素"图标的主体。在图层窗口中，创建一个新图层，并将图层面板中的图层 1 重新命名为"铝元素主体层"，如图 3-44 所示。选择"油漆桶工具"，通过拾色器将前景色设置为浅灰色，向"铝元素主体层"中填充主体色，如图 3-45 所示。

---

① 教育游戏《抓元素球球》，开发者：北京景山学校京西实验学校教师李伊欣。

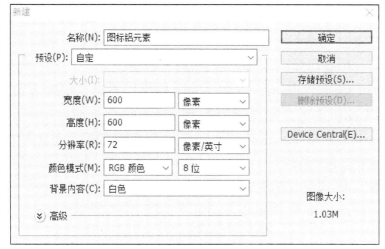

图 3-43　新建"图标铝元素"画布

 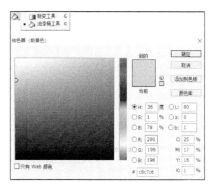

图 3-44　创建新图层"铝元素主体层"

图 3-45　向"铝元素主体层"填充颜色

再次，制作"铝元素"的质感。铝材的表面有拉丝和镜面反射的效果，且光滑平整。因此，使用滤镜"添加杂色"和"动感模糊"模拟铝材表面的拉丝效果，使用图层"混合选项"中的"斜面和浮雕"及"光泽"属性模拟镜面反射效果。选择"铝元素主体层"后，在菜单栏中选择"滤镜"选项，然后选择"杂色"滤镜组中"添加杂色"选项，如图 3-46 所示，将"添加杂色"滤镜的分布类型设置为"高斯分布"，选择"单色"复选框，其效果如图 3-47 所示。添加"动感模糊"滤镜，如图 3-48 所示，将"动感模糊"滤镜中的角度设置为 0 度，距离设置为 900 像素，如图 3-49 所示。然后在工具箱中，选择"椭圆选框工具"，将样式设置为"固定大小"，宽度和高度均设置为 450px，在图层中绘制"铝元素主体层"的外轮廓，得到一个正圆，如图 3-50 所示，利用菜单栏中"选择"选项的"反向"功能，框选出多余的部分并删除，如图 3-51 所示。

图 3-46  使用滤镜"添加杂色"

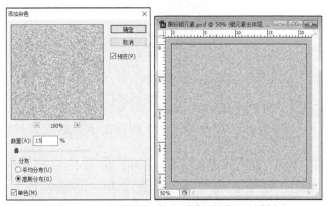

图 3-47  设置滤镜"添加杂色"属性

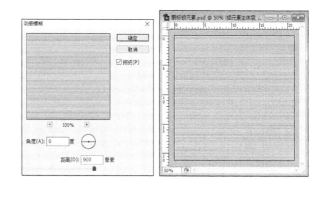

图 3-48　使用滤镜"动感模糊"　　　　图 3-49　设置滤镜"动感模糊"属性

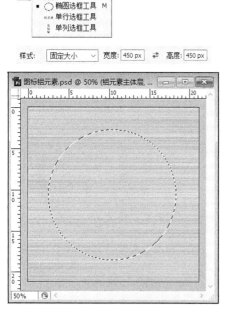

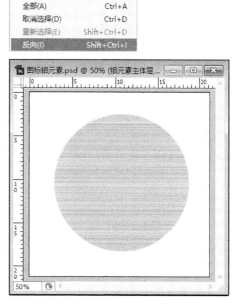

图 3-50　"铝元素主体层"外轮廓　　　图 3-51　删除"铝元素主体层"
　　　　　　　　　　　　　　　　　　　　　外部多余的部分

　　然后，制作镜面反射效果。单击"铝元素主体层"图层，通过添加
"图层样式"中的"斜面和浮雕"属性使图标具有立体效果，如图 3-52

所示。添加"光泽"属性提升图标表面的镜面反射效果，如图 3-53 所示，添加"描边"属性，给图标增加一个深灰色的衬底，如图 3-54 所示，铝元素图标的主体效果基本完成。

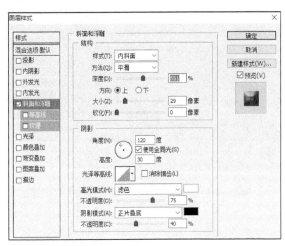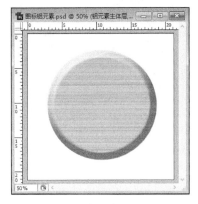

图 3-52　设置"铝元素主体层"的"斜面和浮雕"属性

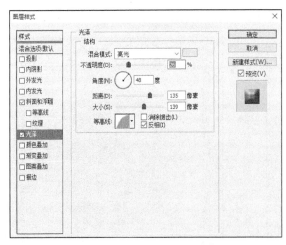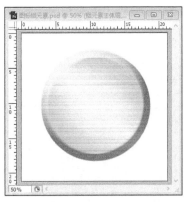

图 3-53　设置"铝元素主体层"的"光泽"属性

最后，创建铝元素的符号。新建一个图层，命名为"铝元素符号"，如图 3-55 所示，使用"横排文字工具"，选择字体"NewsGoth BT"，设置字体大小为 145 点，如图 3-56 所示。在"图层样式"中添加"渐变叠加"属性，使符号表面效果更丰富，如图 3-57 所示，添加"内阴影"

属性，使符号呈现出立体效果，图标最终效果如图 3-58 所示。

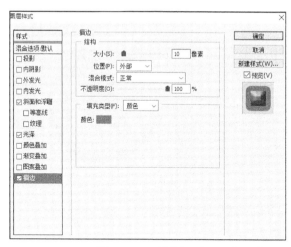
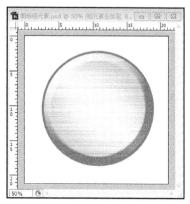

图 3-54　设置"铝元素主体层"的"描边"属性

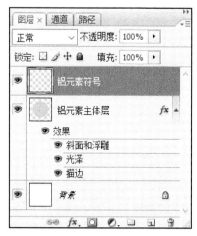
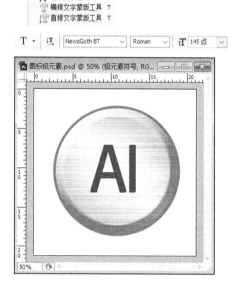

图 3-55　新建"铝元素符号"图层　　　图 3-56　创建"铝元素符号"字体

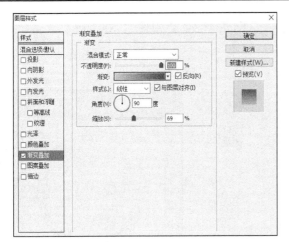

图 3-57 设置"铝元素符号"的"渐变叠加"属性

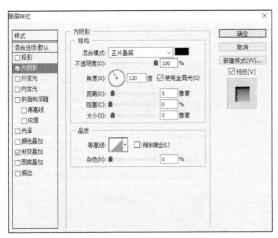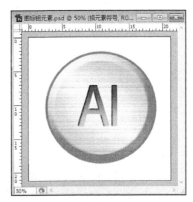

图 3-58 设置"铝元素符号"的"内阴影"属性及图标最终效果

## 3.2.2 界面设计

游戏界面设计主要从功能性和审美性两个维度进行考量。功能性主要体现在界面框架是否全面、界面间逻辑关系是否合理、界面排版设计是否利于玩家阅读信息等;审美性主要体现在根据游戏背景、题材设定界面风格等。

以游戏《星际大冒险》①为例分析界面设计的基本方法。《星际大

———————————

① 首都师范大学学生游戏作品《星际大冒险》,学生:韩焕妍、周卓、张雅;指导教师:乔凤天。

冒险》是一款结合棋盘类和拼音组词类的游戏，游戏的故事背景设在银河系的某星球上，另一星球的宇航员在驾驶宇宙飞船时遇到了太空垃圾不慎坠落到该星球上，星球上的热心居民小 Q 等把宇航员解救出来。出于好奇，小 Q 等十分想去宇宙飞船上参观。若他们想登上飞船，则必须要通过宇航员提供的语言测试，答题失败时血量会减少，只要有一个人获得胜利，则所有人都可以去参观飞船，不过要是有人的血量清零则所有人都失败。

　　游戏界面包括前导界面、规则界面、选择界面和主界面。前导界面主要介绍游戏背景；规则界面主要介绍游戏规则；选择界面供玩家设定玩家人数、选择玩家颜色、选择起飞点数等；主界面包括血量条、答题题目框、飞行棋棋盘等，如图 3-59 所示。

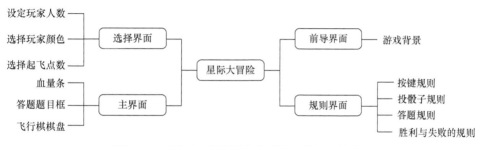

图 3-59　游戏《星际大冒险》的界面框架

　　玩家首先进入前导界面，了解游戏背景，接下来是规则界面，了解按键规则、投骰子规则、答题规则等，然后在选择界面中，选择玩家数量和起飞点数等，当单击"开始游戏"按钮后，玩家进入主界面开始游戏，进行答题。

　　从游戏背景和游戏题材方面可以简略地将界面的视觉风格概括为"幻想""活泼"两个关键词，在提炼好关键词后进行素材收集。确定界面使用蓝色为基本色，应用扁平化的行星、宇航员等矢量图形，呈现出轻松的氛围，形成最初的风格示意稿如图 3-60～图 3-63 所示。

图 3-60　游戏《星际大冒险》的前导界面

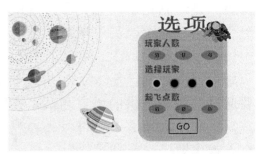

图 3-61　游戏《星际大冒险》的选择界面

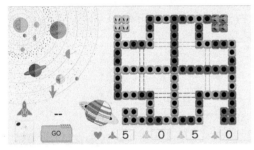

图 3-62　游戏《星际大冒险》的主界面

图 3-63　游戏《星际大冒险》的
　　　　玩家胜利界面

# 第4章 游戏声音设计

电子游戏是一种音画融合的媒介，语音、音效、音乐和提示音是游戏声音的构成要素。设计游戏声音时需要注意些什么？常见的游戏声音设计软件有哪些？这些软件如何使用？这些将在本章逐一进行探讨。本章的结构图如图 4-1 所示。

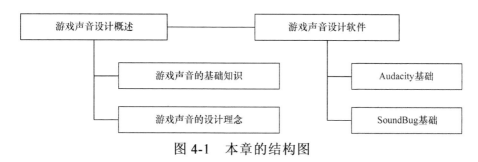

图 4-1 本章的结构图

## 4.1 游戏声音设计概述

游戏声音主要起到烘托游戏氛围、给玩家提供引导和反馈、调动玩家情感等作用。在设计游戏声音时，主要考量声音的沉浸性和交互性的塑造。

### 4.1.1 游戏声音的基础知识

游戏作为一种集画面、声音于一体的多媒体交互媒介，声音自然成为游戏的一个重要组成部分。早期的游戏声音，由于受到硬件设备和软件的限制，游戏中的声音主要模拟真实世界中的声音或某种乐器的发声，以起到向玩家提供反馈或引导的作用。随着游戏主机、显卡、内存等硬件设备性能的提升，以及游戏建模技术、即时渲染技术的不断发展，游戏画面效果越发精美，此时也需要游戏声音能给玩家提供更好的声音细节和品质，带来更具沉浸感的视听体验。

游戏声音的分类方法有很多，从游戏声音的制作角度，可以分为人声、音效、氛围声和音乐[30]；从游戏声音的功能角度，可分为叙事功能的音效声、背景音乐、主题音乐，以及非叙事功能的游戏信息提示音。综合上述两种分类方式，游戏声音主要包括游戏音效、游戏音乐、游戏语音和游戏提示音。游戏音效是指结合游戏剧情和游戏场景，为玩家提供玩法线索和反馈、营造气氛、提升玩家沉浸感的声音，例如，流水、闪电、虫鸣、爆炸、轰鸣的机械、嘈杂的马路等模拟环境的声音；挥刀、撞击、拳击、法术攻击等模拟角色各种技能的声音。游戏音乐通常包括背景音乐和主题音乐。背景音乐在游戏中起到烘托氛围的作用，通常会在游戏情节变换、场景更迭的重要场合反复出现，例如，平台类游戏的背景音乐营造出一种紧张的律动感，给玩家带来无限的乐趣，而文字冒险类游戏的背景音乐更多是为了配合游戏剧情的发展，音乐时而哀怨、委婉，时而欢快、明朗。主题音乐是表现游戏主旨内容的乐曲，有时与背景音乐相同。游戏语音即语言的声音，主要是指游戏主角人物和非主角人物的人声，或玩家触发游戏中的交互事件后所发出的人声，如游戏主角的独白、画外音的旁白等，主要起到推动剧情和获得信息的作用。游戏提示音是指在游戏中，用户更改操作或游戏中环境突变时有提示功能的音效。例如，玩家单击游戏界面中的按钮所发出的音效。

游戏中的声音要素主要包括音调、音量、音色、采样率、量化位数、声音通道。其中，音调、音量、音色属于声音的心理特性，即人耳对声音的某种主观感觉，采样率、量化位数、声音通道是数字音频的重要参数。

音调是指声音的高低，也称音高。音调主要与声波的频率有关，声波的频率越高，音调越高，声音也比较清脆；当声波的频率较低时，音调也较低，发出的声音也会很低沉。音量是指声音的强弱，也称响度。声音的强弱与声波振动的幅度有关，声波振动的幅度越大，音量越强，反之振动的幅度越小，音量越弱。音量的单位是 decibel，简称 dB。音色又称音品，与声波的频谱结构有关。声波的运动规律能产生纯音，但人们在自然界中听到的绝大部分声音都具有复杂的声波运动。

数字音频通过采样和量化，把用模拟量表示的音频信号转化成以二进制数字组成的数字音频信号，数字音频的质量受采样率、量化位数和声音通道的影响。采样率是指每秒钟音频被分解的数据个数，采样率越高，对声音波形的表示越精确，说明音质越好，声音失真越小。在数字音频制作中，采样率的不同直接影响音质效果，例如，调幅(amplitude modulation，AM)广播级音质的采样率是 11.025kHz，调频(frequency modulation，FM)广播级音质的采样率是 22.05kHz，小型光碟(compact disc，CD)音质的采样率是 44.1kHz，数字通用光碟(digital versatile disc，DVD)音质的采样率是 96.0kHz。量化位数也称量化精度，它描述每个采样值的二进制数据的位数。量化位数是衡量数字声音质量的重要指标，量化位数有 8 位和 16 位，8 位声卡的声音从最低到最高有 256 个级别，16 位声卡有 65536 个高低音级别。量化位数越高，声音的质量越好，同时数字音频的数据量也越大。声音通道的个数称为声道数，是指一次采集产生的声音波形的个数。记录声音时，如果每次生成一个声波数据，称为单声道；如果每次生成两个声波数据，称为双声道，也称为立体声。声道数也可以认为是声音录制时的音源数量或声音回放时的扬声器的数量，例如，常规的 CD 音频，它就有左右两个声道，录制 CD 时需有两个音源，回放 CD 时需要两个扬声器。

　　数字音频格式有很多，常见的音频格式包括 CD 格式、WAV、MPEG 等。CD 格式是音质比较高的音频格式，在大多数播放软件的"打开文件类型"中，都可以看到*.cda 格式，这就是 CD 格式。标准 CD 格式的频率为 44.1kHz，量化位数是 16 位，速率是 88Kbit/s，因此 CD 格式基本是近似于无损的。WAV 是 Microsoft Windows 提供的一种音频格式，WAV 文件储存的是声音波形(waveform)的二进制数据，由于没有经过压缩，WAV 波形声音文件的体积很大，标准格式的 WAV 文件和 CD 格式一样，频率也是 44.1kHz，量化位数为 16 位。目前所有的音视频编辑软件都支持 WAV 格式，并将该格式作为默认的文件保存格式之一。MPEG，是动态图像专家组(Moving Picture Experts Group)的英文缩写，该组织建立了 ISO/IEC 11172 压缩编码标准，并制定出 MPEG 格式。MPEG 标准主要有 MP1、MP2 和 MP3，MP1 和 MP2 的压缩比分别为 4∶1 和 6∶1～8∶1，MP3 压缩比则达到 10∶1～12∶1，因此，MP3 能将音频在不失真的情况下压缩为容量较小的文件，从而被广泛使用。

## 4.1.2　游戏声音的设计理念

　　游戏与影视艺术在声音设计上有一定的共性，但游戏作为一个可操作的交互程序，游戏声音的设计有其自身的特点，主要体现为游戏声音的沉浸性和交互性。

　　游戏声音的沉浸性主要表现为，运用声音给玩家营造一种置身于游戏世界之中的临场感。游戏声音的临场感需从环境音频和适应性音效两方面进行构建。游戏中的环境音频主要是利用声音配合场景，对游戏空间环境进行塑造，使听者仿佛置身于游戏空间之中。例如，为了营造海边这一游戏场景的氛围，游戏音效设计师将海水拍打礁石的声音、风声、鸟鸣等混合在一起，让玩家感觉自己真的就站在海滩上，不由得心旷神怡。适应性音效是指与游戏中玩家行为相适应的音效，例如，为了表现游戏角色在室内的生活场景，游戏音效设计师会制作很多音效以适应游戏角色的活动：当玩家坐在计算机旁边工作时，就会发出敲击键盘的声音；当玩家阅读时，伴随着玩家翻书，就会发布翻阅纸张的沙沙的声音。

　　此外，游戏声音的沉浸性还体现在游戏音乐与游戏剧情的紧密联系上，以驱动玩家的情绪，让玩家的注意力跟着游戏剧情走，使玩家沉浸在故事的跌宕起伏中，获得良好的体验。

　　交互性是游戏的基本特性，在玩家进行游戏时，信息的交互主要通过画面和声音来传递，而声音又是一种更为自然的传递信息的方式。声音的交互性主要表现为如下几个方面：首先，通过声音对玩家的行为进行反馈。例如，在三消游戏中，当玩家连续消除两次时，发出"哇喔"的声音，当消除三次时，发出"耶"的声音，随着消除次数的增加，赞美之词会更热烈，音调也更高。其次，通过声音对游戏进程进行提示，通常表现在当玩家获得物品(或奖励)、来到游戏关卡，以及完成任务时，会出现电子音、模拟人物的和声等声音，使玩家可以通过游戏声音的变化来识别游戏的奖励积分、游戏的进程等，从而增加游戏玩家的互动性。然后，运用不同的声音提示玩家所处的状态，警告玩家是否处于危险或紧急状态，多见于射击类游戏，当玩家受伤后就会发出急促的喘息声和沉重的脚步声。另外，游戏的声音要与游戏玩法相匹配，例如，平台游戏的核心玩法是玩家按下左键或右键时，角色在地图上会朝相应的方向移动，当按下 A 键时，角色会跳跃起来，同时避开敌人。这就需要有角色跳跃时的音效、加速移动的音效和失去生命的音效。最后，声音能引导玩家进行游戏，例如，在游戏中通过声音位置的改变，吸引玩家的注意力，引导玩家的行进路线。例如，玩家在走廊中行走，右侧的房间发出 NPC 的说话声，玩家的注意力会瞬间锁定到右侧的房间。再如，玩家在场景中会遇到很多 NPC，只有当玩家靠近关键 NPC 时，游戏音乐才会发生变化，提示玩家要和这个 NPC 互动，了解下一步要做什么。或者，当玩家在游戏场景中迷失方向时，游戏会通过声音提示玩家方向是否正确，主角的助手以及 NPC 也会和玩家对话，提示玩家要向何处走。

## 4.2　游戏声音设计软件

游戏声音的制作专业性很强，需要游戏配音演员、配音导演、音效设计师、作曲等专业人员，以及录音麦克风、专业录音外置声卡、MIDI(music instrument digital interface，乐器数字接口)键盘、监听音箱、耳机放大器、调音台等声音录制所需的硬件设备。声音制作软件有用于游戏音效制作的 Wwise 编辑器，用于声音编辑的 Audition、Audacity、Pro Tools、GoldWave、Sony Sound Forge 等，用于音乐编曲的 FL Studio、SoundBug 等。本节主要对音频制作软件 Audacity 和 SoundBug 进行简要介绍。

### 4.2.1　Audacity 基础

#### 1. Audacity 介绍及安装步骤

Audacity 是一款免费的、跨平台的开源音频录制和编辑软件。Audacity 能够实现声音的录制、剪辑、复制、混音，并有多种声音效果和插件，可以导入和导出 WAV、MP3 等声音文件格式。用户可以在 Audacity 官网上找到 Windows、Mac OS X 和 Linux 三个系统的安装版本，如图 4-2 所示。

Download Audacity for Windows

Download .EXE File

Supported on Windows 10/8/7/XP

Download Audacity for macOS

Download .DMG File

Supported on Mac OS X 10.6 and later

Download Audacity for Linux

Download for GNU/Linux

图 4-2　Audacity 下载页面

从官网上下载软件后，双击.exe 安装执行文件，在"语言选择"对话框选择需要使用的语言，如图 4-3 所示。进入软件安装的向导界面，单击"下一步"按钮，继续安装，如图 4-4 所示。

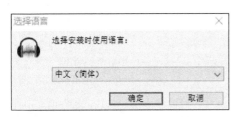

图 4-3　选择使用语言为中文　　　图 4-4　进入 Audacity 安装向导界面

在同意许可协议界面中，单击"下一步"按钮，继续安装，如图 4-5 所示。在选择安装位置界面中，软件默认安装在 C 盘，如图 4-6 所示，用户可以单击"浏览"按钮，将软件安装在计算机的其他盘中。

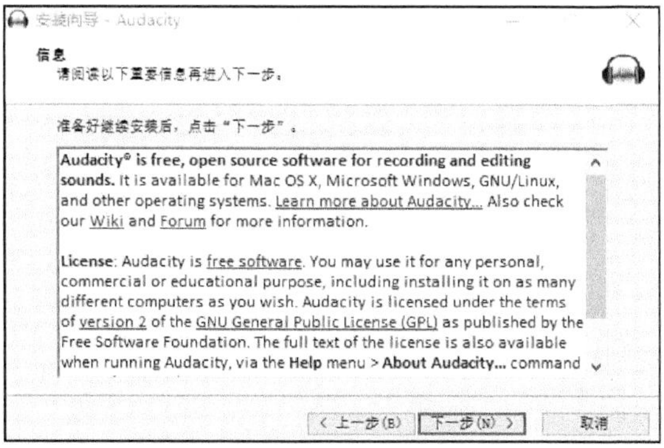

图 4-5　同意许可协议

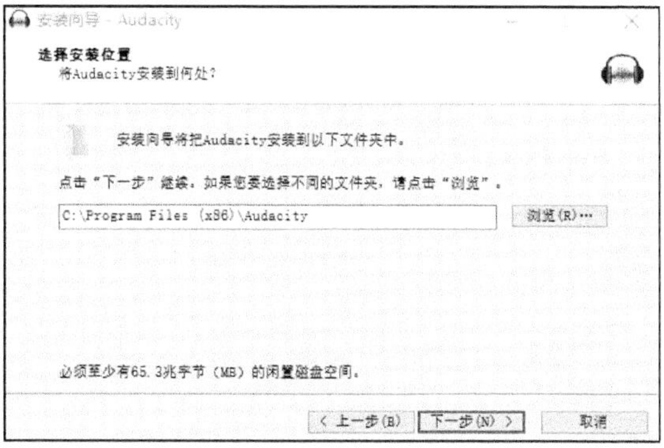

图 4-6　选择安装位置

　　在选择附加任务界面，用户可以选择"创建桌面快捷方式"复选框，这样可以在桌面上显示 Audacity 的图标，如图 4-7 所示。安装向导已经装备完毕，将开始在计算机上安装 Audacity，单击"安装"按钮，开始软件的安装，如图 4-8 所示。

图 4-7　创建桌面快捷方式

图 4-8  安装向导已经装备完毕

当 Audacity 开始安装时，安装进度条开始行进，如图 4-9 所示。当 Audacity 安装完成后，可以通过快捷方式打开此程序，也可以单击"结束"按钮退出安装，如图 4-10 所示。

图 4-9  开始安装 Audacity

图 4-10  Audacity 安装完成

## 2. Audacity 的界面及功能介绍

Audacity 界面包括菜单栏、播录工具栏、设备工具栏、工具工具栏、混音器工具栏、指示表工具栏、编辑工具栏、以指示速度播放工具栏、音轨控制面板、音轨、选区工具栏、时间工具栏，如图 4-11 所示。

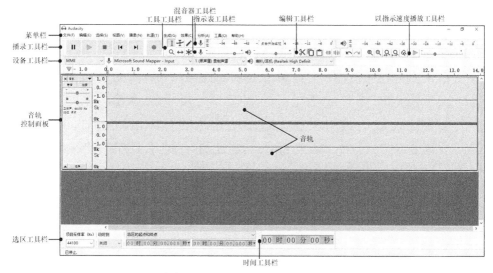

图 4-11　Audacity 界面介绍

在菜单栏中，用户可以在"文件"菜单中进行新建、打开、关闭一个声音工程等操作；在"编辑"菜单中进行剪切、复制、粘贴、全选一段音频文件等操作；在"选择"菜单中可以选择轨道等；在"视图"菜单中进行放大、缩小一段音频文件等操作；在"播录"菜单中录制和播放音频；在"轨道"菜单中能增加、删除、对齐、同步锁定音频轨道；在"生成"菜单中能创建包含音调、噪声等音频；在"效果"菜单中能添加淡入、淡出、降噪等效果；在"分析"菜单中找出音频的特征或标记关键特征；在"工具"菜单中能使用宏、截取屏幕等功能；在"帮助"菜单中能使用在线查找帮助手册、诊断问题等功能。

播录工具栏，主要用于播放、暂停、录制音频，并控制光标跳至项目的开始位置或结束位置，如图 4-12 所示。

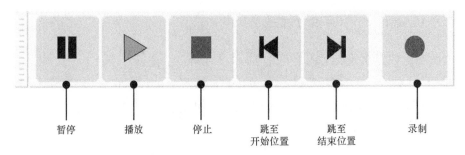

图 4-12　Audacity 播录工具栏

　　工具工具栏中的选择工具可以选择要播放或编辑的音频范围；包络工具可以平滑地调整音量变化；绘制工具可以手动重绘波形，多用于对噪声的修复；缩放工具用于放大或缩小所选的音频区域；时间移动工具用于同步项目中的音频；多功能工具将上述五种工具结合在一起，通过鼠标的位置变化，每次提供一个工具，如图 4-13 所示。

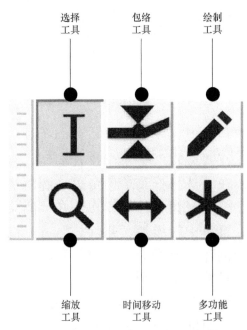

图 4-13　Audacity 工具工具栏

　　设备工具栏可以快捷地设置音频主机、录音设备、录音通道和播放设备。音频主机中的 MME 是 Audacity 的默认设置，与大多数音频设备兼容。录音设备包含默认的 Windows 录音设备和麦克风录音两种方式。

录音通道包括单声道和立体声两种录制声道。播放设备包括默认的 Windows 播放设备、喇叭/耳机，如图 4-14 所示。

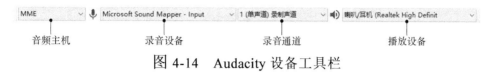

图 4-14　Audacity 设备工具栏

混音器工具栏用于调整录制音量和播放音量，带有麦克风图标的滑块用于控制录制音量，带有扬声器图标的滑块用于控制播放音量，如图 4-15 所示。

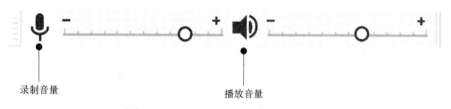

图 4-15　Audacity 混音器工具栏

指示表工具栏用于显示项目中录制或播放的音频电平，带有麦克风图标的指示录制的音频电平，带有扬声器图标的指示播放的音频电平，如图 4-16 所示。

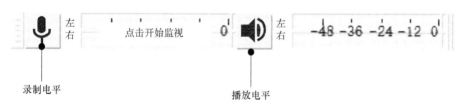

图 4-16　Audacity 指示表工具栏

编辑工具栏的工具与通过编辑菜单、查看菜单、音轨菜单和键盘快捷键访问的功能相同，如图 4-17 所示，可进行剪切、复制音频素材，放大和缩小音频轨道等操作。

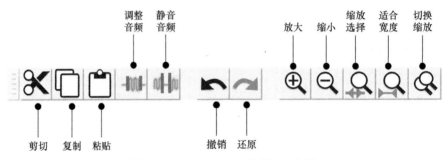

图 4-17　Audacity 编辑工具栏

以指示速度播放工具栏能控制播放或循环播放音频的播放速度，同时也能影响音频的音高。该工具栏可以在播放音频时动态改变播放速度，也可以在按下播放键前对播放速度进行设置，如图 4-18 所示。

图 4-18　Audacity 以指示速度播放工具栏

音轨控制面板主要包括音频（立体声）控制面板和垂直缩放标尺，如图 4-19 所示。音频（立体声）控制面板上的命令如下："删除"按钮用于删除音频轨道；下拉菜单可以给音轨命名、编辑或移动音轨；"静音"和"独奏"按钮能使音频轨道静音或独奏；增益滑块用于调节轨道的音量；移动滑块能定位立体声音轨道中的音频；状态指示器以 Hz 和采样格式或量化位数显示采样率；"折叠"按钮用于折叠或恢复轨道的高度；"选择"按钮能选择整个轨道。垂直缩放标尺能显示振幅、波形和频率。

选区工具栏的主要功能是显示所选中的当前音频的精确时间，包括项目采样率、吸附、选择音频的起始和结束时间及选择时间的长度，如图 4-20 所示。时间工具栏是显示当前音频时间的只读工具栏，如图 4-21 所示。

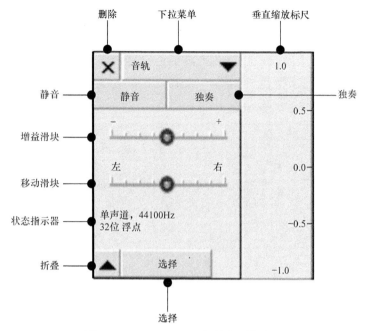

图 4-19　Audacity 音轨控制面板

图 4-20　Audacity 选区工具栏

图 4-21　Audacity 时间工具栏

**实例 4.1　录制一段游戏语音**

　　游戏语音是游戏声音中不可缺少的声音元素，用话筒录制语音是最常见的音频收录方法之一。本实例利用 Audacity 录制一段游戏语音。

　　游戏《趣味英语巧助人》中有这样一段旁白："你叫舒克，居住在凡尔小镇上，这是一个温馨和谐的小镇，小镇上的居民都很热爱这个小镇，并且乐于帮助他人。"

　　准备话筒，将话筒与计算机声卡的麦克风接口相连接。启动 Audacity

软件，单击播录工具栏中的"录制"按钮，生成一条声音轨道。此时，即可读旁白，软件将旁白自动录制下来，如图4-22所示。

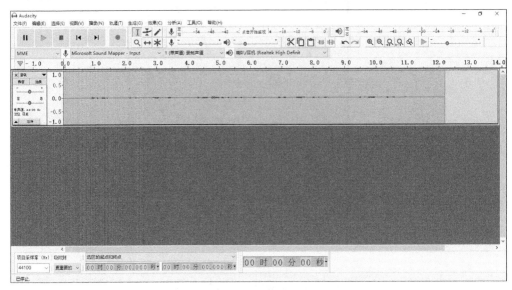

图4-22　录制旁白

录制后，如果声音不够大，在"选择"菜单中，选择"全部"选项，即选择整条音轨。然后，在"效果"菜单中，选择"增幅(放大)"效果，如图4-23所示。调整"增幅(放大)"效果的参数，增加增益值，如图4-24所示，提高增益值后的音频，如图4-25所示。

图4-23　添加"增幅(放大)"效果　　　图4-24　设置"增幅(放大)"参数

此时播放音频，发现噪声比较大。先在音轨上，框选一段噪声，作为噪声特征样本，如图 4-26 所示。然后，在"效果"菜单中，选择"降噪"效果，在"降噪"效果面板中，单击"取得噪声特征"按钮，如图 4-27 所示，接下来，全选整条音频，对降噪强度、灵敏度和频率平滑三个属性进行调整，在修改属性参数的过程中，同步单击"预览"按钮，监听降噪的效果，如图 4-28 所示。经过降噪处理后的音频，如图 4-29 所示。

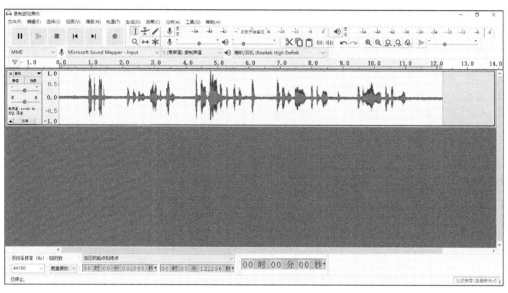

图 4-25　添加"增幅(放大)"效果后的音频

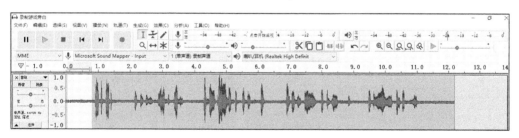

图 4-26　框选一段噪声

再次播放这一段旁白，此时声音很清晰，减小或几乎清除。最后在"文件"菜单中，执行"导出"命令，将导出音频格式设置为 MP3，如图 4-30 所示，然后，将录制好的音频文件命名为"游戏旁白"，并保存，如图 4-31 所示。

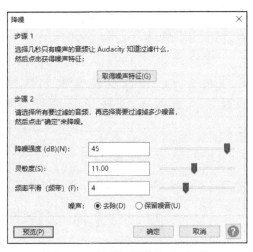

图 4-27　取得噪声特征　　　　　　图 4-28　设置"降噪"参数

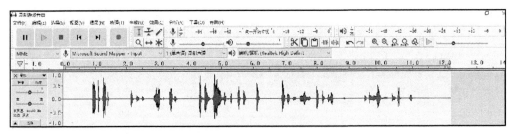

图 4-29　降噪处理后的音频

图 4-30　设置导出音频的格式　　　图 4-31　存储录制好的旁白音频文件

**实例 4.2**　制作一段游戏背景音效

　　游戏中的背景音效具有营造气氛，提升玩家沉浸感的作用。本实例制作室内打字声、电话铃声、脚步声与室外的雨声、马路的汽车声的混音效果，以营造出在一个下雨天，游戏主角在室内打字时，电话铃声响起去接听电话的一个场景。

　　首先，准备音效素材。音效素材可以自行录制或从网络上购买或下载免费的音效素材，本实例中的下雨声是用手机自行录制的，手机录制的声音文件的格式是.m4a，而 Audacity 无法识别这种格式的音频文件，需用"格式工厂"等格式转换软件，将.m4a 格式转换为 Audacity 可以识别的.mp3 格式的音频文件，如图 4-32 所示。打字声、电话铃声、脚步声和马路的汽车声可从音效素材网站上下载，常见的音效素材网站有耳聆网、淘声网等。

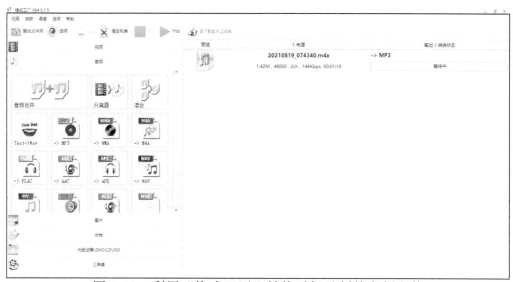

图 4-32　利用"格式工厂"转换手机录制的音频文件

　　然后，创建工程，将打字声、电话铃声、脚步声等音效素材导入Audacity 中，如图 4-33 所示。

　　在音轨控制面板中，通过调整音轨位置，如图 4-34 所示，使音轨顺序为电话铃声、脚步声、打字声、马路的汽车声和录制的雨声。音效素材"马路的汽车声"时长不足，双击该素材，并在菜单栏"编辑"菜单中，通过"复制"命令，使该音效素材延长。而音效素材"打字声"时间过长，双击该素材，并在菜单栏"编辑"菜单中，通过"剪切"命令，缩短该音效素材时长，如图 4-35 所示。

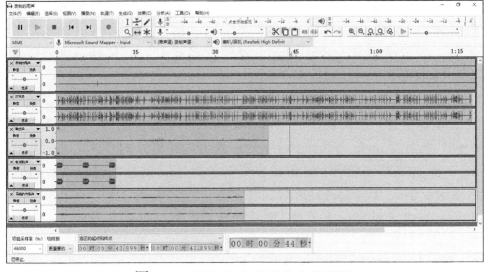

图 4-33　导入混音所需的音频素材

图 4-34　调整音轨顺序

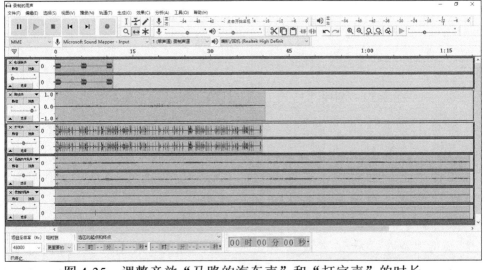

图 4-35　调整音效"马路的汽车声"和"打字声"的时长

利用"工具工具栏"中的"移动时间工具"，调整音轨中音频块的位置，首先出现的是打字声，然后听到电话铃声，电话铃声响了一会儿后，打字声停止，脚步声出现，如图 4-36 所示。

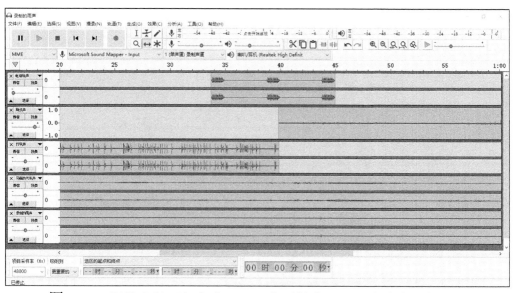

图 4-36　调整音效"打字声"、"电话铃声"和"脚步声"的位置

接下来，在"播录工具栏"中，单击"播放"按钮，监听音效效果，发现脚步声的声音音量小，电话铃声出现得较为突然，因此，通过"增幅（放大）"效果增大"脚步声"的音量，如图 4-37 所示。在"工具工具栏"中，利用包络工具设置"电话铃声"的淡入、淡出效果，如图 4-38 所示。添加完所有声音效果后的音轨，如图 4-39 所示。

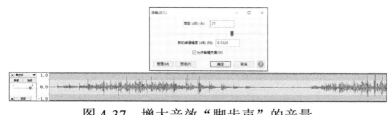

图 4-37　增大音效"脚步声"的音量

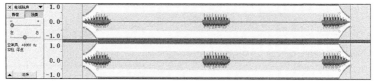

图 4-38　利用包络工具设置音效"电话铃声"的淡入、淡出效果

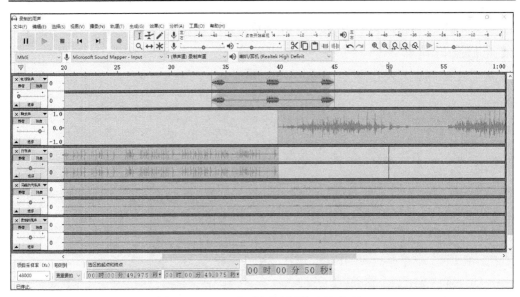

图 4-39　　添加所有效果后的音轨

从头到尾监听效果，如果效果不错，就可以选择"文件"中的"导出 MP3"选项，将录制好的音频文件命名为"混音雨天"，并保存，如图 4-40 所示。

图 4-40　导出 MP3 格式的雨天背景音效文件

## 4.2.2　SoundBug 基础

### 1. SoundBug 介绍及安装步骤

SoundBug 是一款可以在 Windows、Mac OS X 和手机移动端运行的音乐制作软件，支持音频的录音和编辑，内置了 160 余种乐器音源和多种效果器，支持第三方 VST 音源。SoundBug 可以通过鼠标输入音符，也可以连接 MIDI 设备，用演奏的方式输入乐曲，还可以通过麦克风或话筒录制声音。制作完成的乐曲既可输出 MIDI 格式，也能输出音频格式。用户可以在 SoundBug 官网上找到 Windows、Mac OS X 和移动端的安装版本，如图 4-41 所示。

图 4-41　SoundBug 下载页面

从官网上下载软件后，双击.exe 安装执行文件，进入软件安装的向导界面，单击"下一步"按钮，继续安装，如图 4-42 所示。在"准备安装"界面，单击"安装"按钮，软件开始自行安装，如图 4-43 所示。安装完成后，单击"完成"按钮，退出安装，如图 4-44 所示。

安装完成后，运行 SoundBug 应用程序，弹出登录界面，如图 4-45 所示。用户可以免费注册，按提示输入相关信息即可完成注册，如图 4-46 所示。

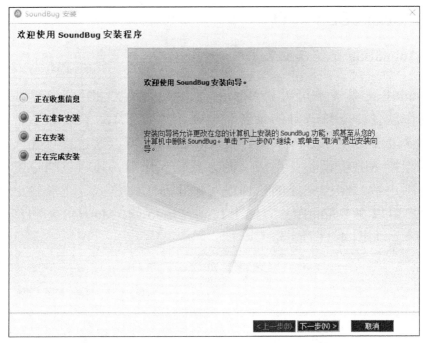

图 4-42　进入 SoundBug 安装向导界面

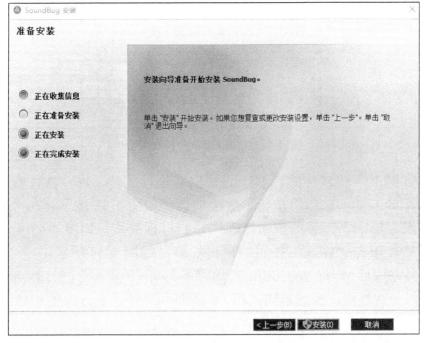

图 4-43　安装 SoundBug

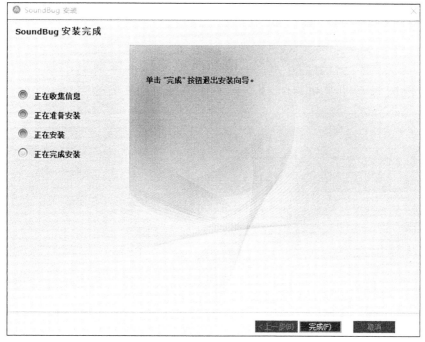

图 4-44　SoundBug 安装完成

图 4-45　SoundBug 登录界面

图 4-46　SoundBug 注册界面

## 2. SoundBug 的界面及功能介绍

登录后，进入 SoundBug 程序主界面，如图 4-47 所示。在菜单栏中

"我的"菜单中，用户可以通过"我的工程"选项新建工程、打开已经创建的工程和分享作品。在"示例工程"选项中，为用户提供了"音乐积木""达拉崩吧""芒种"等示例。在"课程"菜单中，包含初级编曲预备课和初级编曲基础课，可供用户自学，如图 4-48 所示。

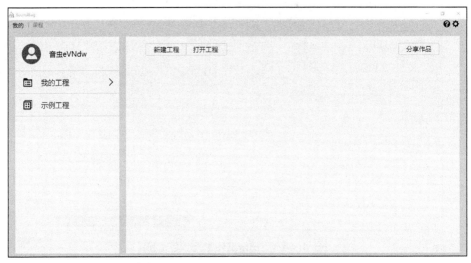

图 4-47　SoundBug 程序主界面

图 4-48　SoundBug 课程界面

创建工程文件，在"我的"菜单中执行"新建工程"命令，在"新建工程"对话框中输入工程名称"音虫界面"，选择文件保存路径并确认后，单击"创建"按钮，如图 4-49 所示。

图 4-49　创建 SoundBug 工程"音虫界面"

此时，进入 SoundBug 工程界面，如图 4-50 所示。工程界面主要分为四个功能区：文件编辑区、走带控制区、功能操作区和音轨操作区。

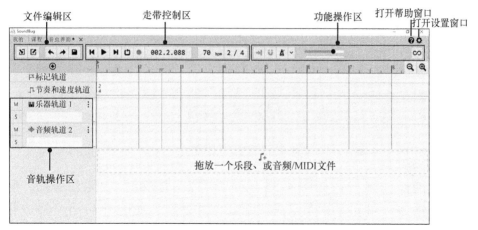

图 4-50　SoundBug 工程界面介绍

在文件编辑区中，如图 4-51 所示，"导入"按钮将音频和 MIDI 文件导入工程中，"导出"按钮可将工程文件导出为音频文件或 MIDI 文件，"撤销"按钮和"重做"按钮用于上一步操作，"保存"按钮用于工程文件的保存。

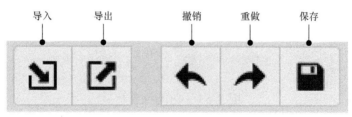

图 4-51　文件编辑区

　　在走带控制区中，如图 4-52 所示，"回到开头"按钮能使播放指针跳转到工程文件的起始端，"启动/停止播放"按钮能控制工程文件的播放，"跳到末尾"按钮能使播放指针跳转到工程文件的末端位置，"打开/关闭循环"按钮可使选择的部分进行循环播放，"开始/停止录音"按钮可控制音频轨道的录音。"当前播放位置"按钮用于显示当前工程文件所播放到的位置，如"001.1.000"中的数字"001"代表"第 1 小节"，数字"1"代表"第 1 拍"，数字"000"则用于更精确的计量，单击此图标可切换工程文件显示模式，按"小节/节拍"模式或"秒/毫秒"模式显示。"速度"按钮用于设定工程文件的速度，单击此图标后即可输入速度数值。"节拍"按钮用于设定工程文件的节拍数和音符值。"速度"和"节拍"按钮通常在创作与制作之前进行设置，此外在节奏和速度轨道上，也可以新建节奏和拍号变化。

图 4-52　　走带控制区

　　在功能操作区中，如图 4-53 所示，"自动滚屏"功能开启后，随工程文件的播放，可自动跳转工程界面。"吸附"功能开启后，播放指针只能位于整拍位置，关闭后播放指针可处于任意位置。单击"节拍器"图标右侧下拉按钮，可以设置节拍器音量和录音预备拍，如图 4-54 所示。音量和电平上方的滑块用于调节工程文件总输出音量和电平，下方为音平表，用于监测输出电平。打开"乐段库"可根据乐器类别选择所需乐段，单击"播放"按钮可对所选乐段进行试听，将所选乐段拖入工程文件后可对其进行编辑，如图 4-55 所示。

图 4-53　　功能操作区

图 4-54　节拍器　　　　　　　　　图 4-55　乐段库

在音轨操作区中，如图 4-56 所示，单击"新建轨道"按钮，可以新建一个"乐器轨道"或"音频轨道"。"乐器轨道"可以连接 MIDI 键盘进行弹奏与录制，也可以在钢琴卷帘窗中进行音符的编辑；"音频轨道"可以用麦克风录制声音，也可以导入音频文件，如图 4-57 所示。字母"M"代表打开或关闭轨道的静音功能，字母"S"代表打开或关闭轨道的独奏功能。

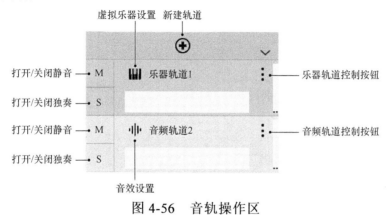

图 4-56　音轨操作区

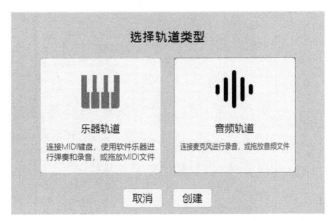

图 4-57　新建乐器或音频轨道

　　单击"乐器轨道"中"虚拟乐器设置"图标 ▦ ，可以在内置的 SoundBugSynth 插件中选择音源，并可通过虚拟 MIDI 键盘试听该音源或查看该音源音域，如图 4-58 所示。单击"乐器轨道"中的乐器轨道控制按钮，可以对轨道进行重命名、移动、复制、删除，导入或导出 MIDI 文件等操作，如图 4-59 所示。

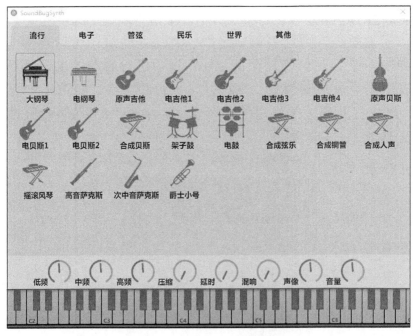

图 4-58　虚拟乐器设置窗口

图 4-59　对乐器轨道进行控制

单击"音频轨道"中"音效设置"图标 ，可以在效果器插件
SoundBugEffect 中设置音频效果，如图 4-60 所示，单击"音频轨道"中
的音频轨道控制按钮，可以对轨道进行重命名、移动、复制、删除，导
入音频文件、导出 WAV 文件等操作，如图 4-61 所示。

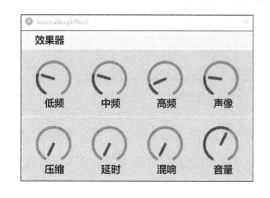

图 4-60　效果器设置窗口　　　　　　图 4-61　对音频轨道进行控制

此外，在"设置"对话框中，可以对音频设备、MIDI 设备、VST
插件、OSC 设置、通用设置进行调整。在"音频设备"面板中，如图 4-62
所示，可以对设备类型、音频输入和输出、输入和输出通道、采样率和
缓冲区进行设置。如果用耳机作为录音设备，在录音之前需先将耳机与

计算机连接后再启动 SoundBug 软件，以便应用程序成功检测到所用输入设备。在输入和输出通道中，channel 1 代表左声道，channel 2 代表右声道。

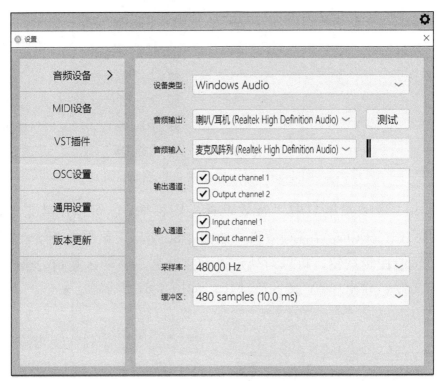

图 4-62　"音频设备"面板

只有将 MIDI 设备与计算机连接后再启动 SoundBug，MIDI 输入设备才能被检测到，在"MIDI 设备"面板中启用相关设备的"MIDI 输入"通道即可完成设置。在"VST 插件"面板中包含软件默认的效果器插件 SoundBugEffect 和虚拟乐器 SoundBugSynth 插件，还可以通过"扫描插件"按钮，查找添加新的 SoundBug 插件，如图 4-63 所示。

在"OSC 设置"面板中，可通过启用 vmk 增加输入声音的来源，以构建虚拟乐队，如图 4-64 所示。在"通用设置"面板中，可以设置工程目录和停止播放时光标的重置位置，如图 4-65 所示。

图 4-63　"VST 插件"面板

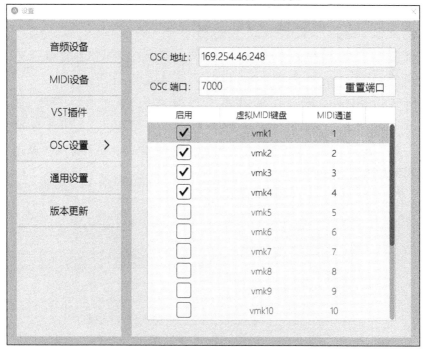

图 4-64　"OSC 设置"面板

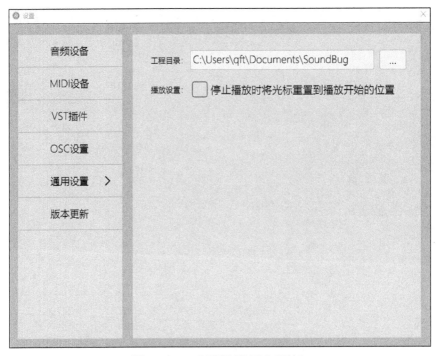

图 4-65 "通用设置"面板

**实例 4.3** 制作一条游戏获胜的提示音

游戏提示音起到提示的作用，制作一条玩家获胜时的电子音乐。本实例使用手机耳机录制语音，将手机耳机连接到计算机上。

启动 SoundBug，新建工程并将工程命名为"获胜提示音"，如图 4-66所示。然后将"乐器轨道"重新命名为"电子音乐"，用于制作电子背景音乐，将"音频轨道"重新命名为"获胜的语音"，用于录制"恭喜你，获得胜利！"的语音，如图 4-67 所示。

图 4-66 新建工程"获胜提示音"

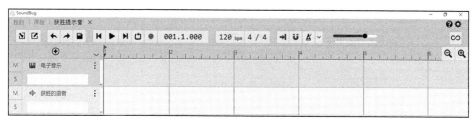

图 4-67　重新命名乐器轨道和音频轨道

在轨道操作区中，单击"虚拟乐器设置"图标 **⦀**，将电子音的音色设置为"电子"乐器中的"合成 8"，如图 4-68 所示。在电子音乐轨道上的空白处，右击，选择弹出的浮动面板中的"新建片段"选项，如图 4-69 所示。此时，在电子音乐轨道上生成一条新的 MIDI 片段，双击该片段后，钢琴卷帘窗出现在轨道的下方，如图 4-70 所示。

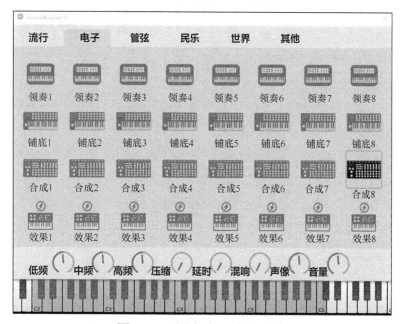

图 4-68　设定电子音的音色

图 4-69　新建电子音的片段

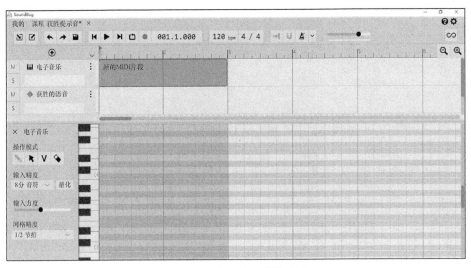

图 4-70　激活钢琴卷帘窗

设置钢琴卷帘窗中的输入精度为"8分音符"，利用钢琴卷帘窗内操作模式中的"输入音符模式" ，输入音符，创作电子音，如图 4-71 所示。

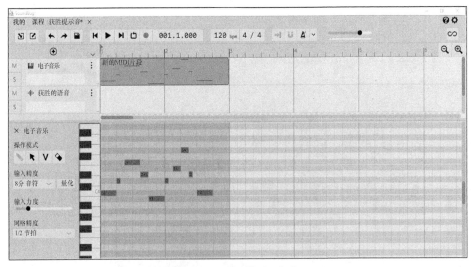

图 4-71　创作电子音

在轨道操作区中，设置"获胜的语音"的输入设备为"Input 2"，并单击"录制"按钮 ，如图 4-72 所示。然后，单击走带控制区中的

"录音"按钮 ●，开始录制语音"恭喜你，获得胜利！"，如图 4-73 所示。

图 4-72 设置"获胜的语音"
的输入设备      图 4-73 录制语音"恭喜你，获得胜利！"

监听录制好的语音，发现声音比较小，单击"音效设置"图标 ⅲⅲ，增加"混响"和"音量"效果，如图 4-74 所示。移动并编辑录音片段，同时通过调整录音片段上沿的两个黑色实心圆点,给录音片段增加淡入、淡出的效果，如图 4-75 所示。

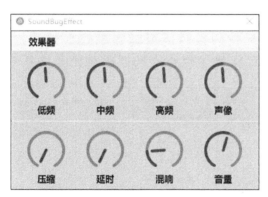

图 4-74 增加录音片段的效果

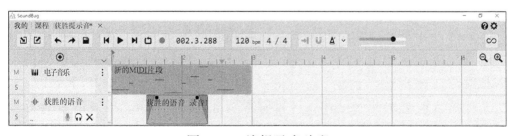

图 4-75 编辑录音片段

单击文件编辑区中的"导出"按钮 ，设置导出的音频格式为"MP3"，品质为"224Kb/s CBR"，输出制作好的游戏获胜的提示音，如图 4-76 所示。

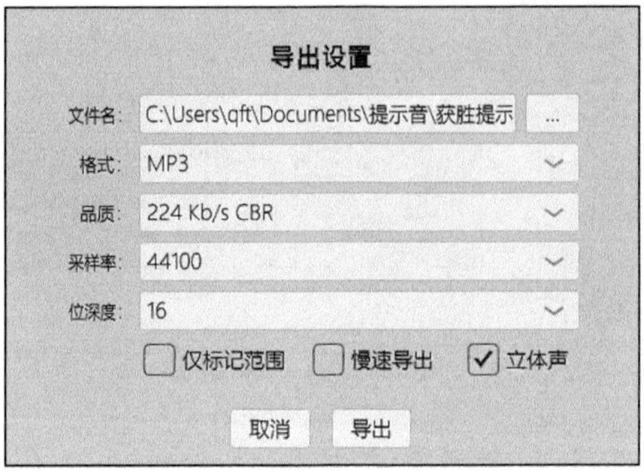

图 4-76　输出制作好的游戏获胜的提示音

**实例 4.4**　给游戏制作一段背景音乐

游戏背景音乐风格为民族风，旋律的音色可以使用琵琶。弹拨乐器与拉弦乐器的结合能使音色自然，音质柔和，因而选择二胡作为配器使音乐更加优美，同时使用鼓也能增加音乐的乐律感。

首先，新建工程并将工程命名为"游戏背景音乐"，如图 4-77 所示。

图 4-77　新建工程"游戏背景音乐"

其次，添加 2 条乐器轨道，单击"虚拟乐器设置"图标 ▥▥，为 3 条乐器轨道设定虚拟乐器，并修改 3 条乐器轨道的名称与所选乐器的名称相对应，分别为"琵琶"、"鼓"和"二胡"，如图 4-78 所示。

然后，搭建乐曲的结构，这段背景音乐有 12 小节，创建的音乐片段"琵琶"和"鼓"填充满 12 小节，前 4 小节为前奏，音乐片段"二胡"从第 5 小节开始，如图 4-79 所示。

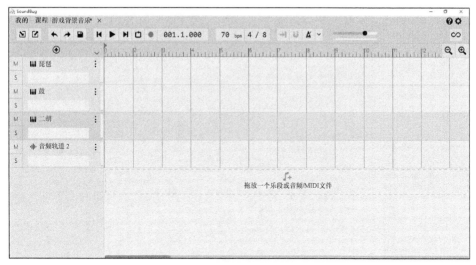

图 4-78　重新命名乐器轨道

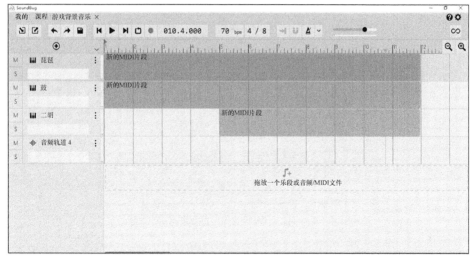

图 4-79　搭建"游戏背景音"的乐曲结构

依次双击创建好的音乐片段"琵琶"、"鼓"和"二胡"，在各自的钢琴卷帘窗中，利用"输入音符"工具 进行编曲，如图 4-80 所示。

最后，单击文件编辑区中的"导出"按钮 ，输出制作好的游戏背景音乐，并设置导出的音频格式为 MP3，如图 4-81 所示。

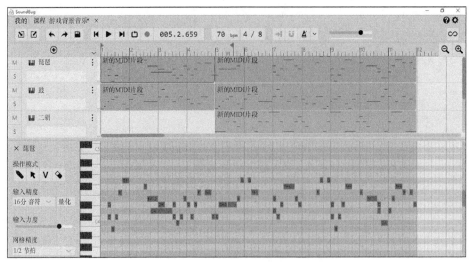

图 4-80　　"琵琶"片段的编曲

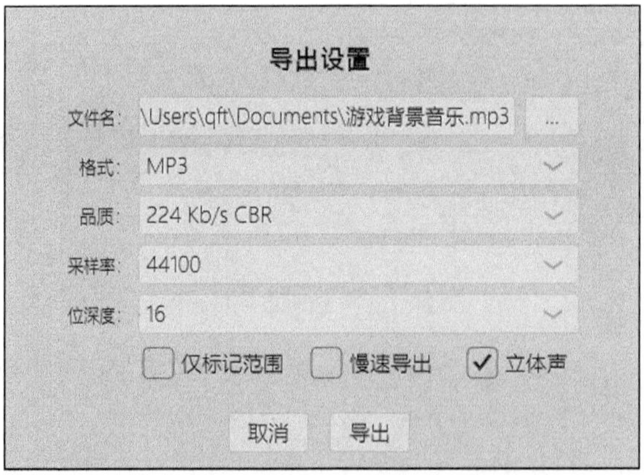

导出设置

文件名：\Users\qft\Documents\游戏背景音乐.mp3

格式：　MP3

品质：　224 Kb/s CBR

采样率：44100

位深度：16

☐ 仅标记范围　　☐ 慢速导出　　☑ 立体声

取消　　导出

图 4-81　输出制作好的游戏背景音乐

# 第 5 章　游戏程序设计

图形化程序设计语言以其易用性和可视化，为游戏开发爱好者和中小学生进行游戏创作提供了工具，同时也便于幼儿园和中小学教师进行游戏化学习资源的制作。本章将介绍图形化编程语言 Mind+的开发环境、积木语言，并通过具体案例呈现基于 Mind+的游戏制作过程。本章的结构图如图 5-1 所示。

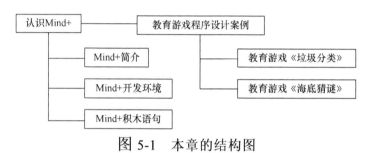

图 5-1　本章的结构图

## 5.1　认识 Mind+

本节主要介绍 Mind+的基本功能、开发环境和积木语言，并结合具体案例简要介绍 Mind+在交互动画、仿真实验和益智游戏中的应用。

### 5.1.1　Mind+简介

Mind+是一款图形化程序设计语言，图形化程序设计语言的特点为：控制计算机工作的指令或语句被封装成具有沟槽的图形化积木，不同类型的积木采用不同颜色进行区分，当语法正确时，图形化积木才能结合在一起，编程的过程就像在"搭积木"，如图 5-2 所示。

Mind+还能对声音进行编辑，并具有画笔、橡皮擦、填充、变形等绘画工具，用户可以设计并绘制角色形象和场景，以制作动画、动态绘本等多媒体作品。

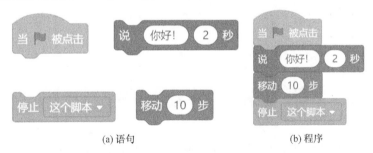

(a) 语句　　　　　　　　　　(b) 程序

图 5-2　Mind+的图形化积木

Mind+支持 Arduino、micro:bit 等主控板，如图 5-3 所示，以及 DHT11/22 温湿度传感器、超声波测距传感器等传感器、舵机，以及 LCD1602 显示模块、OLED-12864 显示屏等传感器。

图 5-3　Mind+支持的主控板

Mind+还支持物联网功能模块，可以实现多种物联网应用。同时支持 Easy-IOT、OneNET、阿里云、SIoT 等物联网平台。

此外，Mind+还集成了大量 AI 应用，例如，与图像相关的 AI 图像识别、视频侦测等，与语音相关的语音识别和文字朗读，与文字相关的文字识别和谷歌翻译。

## 5.1.2　Mind+开发环境

### 1. 安装 Mind+

Mind+既可以通过网页浏览器进行在线编程，也可以安装离线的 Mind+客户端编程软件。在线编程环境依赖良好的网络，如果网速较慢，会影响操作，此外，建议使用兼容性强的 Chrome 浏览器，其他浏览器可能会出现不可预知的问题。

如果使用 Mind+离线编程环境，需要从 Mind+官网下载并安装

Mind+客户端，在下载页面中，能找到 Windows、Mac 和 Linux 三个系统上的当前最新的 Mind+客户端版本 V1.7.0 RC3.0，如图 5-4 所示。

图 5-4　Mind+离线客户端

下面以 Windows 操作系统为例，说明 Mind+客户端的安装过程。首先单击 Mind+客户端下载 for Windows 后面的"立即下载"按钮，等待下载完成后直接打开下载的文件，设置 Mind+界面语言为"中文(简体)"后继续安装，如图 5-5 所示。

图 5-5　将 Mind+界面语言设置为"中文(简体)"

选择同意用户安装协议，选定 Mind+的安装位置，如图 5-6 所示，会弹出 Mind+的客户端安装窗口，当窗口中的进度条走到最右边后就表示安装完成，如图 5-7 所示。接着便可启动 Mind+离线编辑器了，等编辑器完成准备工作后，就会显示 Mind+离线编辑器的界面，如图 5-8 所示。

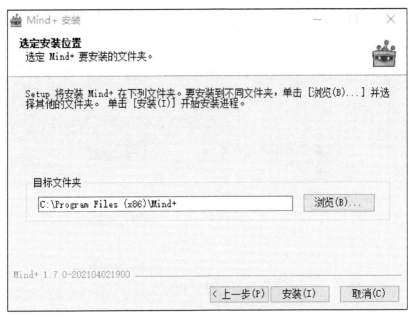

图 5-6　选定 Mind+的安装位置

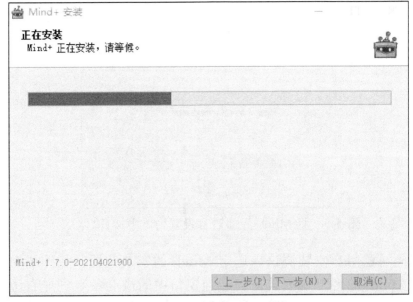

图 5-7　安装 Mind+客户端

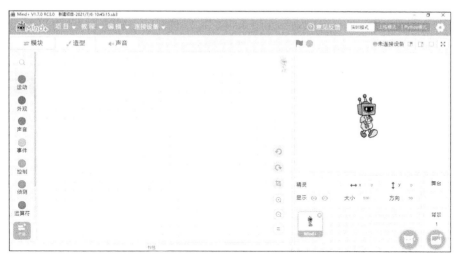

图 5-8  Mind+的界面

## 2. Mind+编辑器界面

Mind+编辑器界面包括七个区域，分别是菜单栏、功能区、积木区、编程区、舞台区、角色区和背景区，如图 5-9 所示。

图 5-9  Mind+编辑器的界面介绍

菜单栏中的"项目"菜单中包含"新建项目""打开项目""保存项目""另存项目""最近编辑"等基本操作命令，用于管理当前的Mind+项目。"教程"菜单中包含"官方文档""在线论坛""视频教程""示例程序"，其中示例程序是根据选择的主控板自动调整内容的。"编辑"菜单中有"恢复删除"和"打开加速模式"两个命令。"恢复删除"命令，可恢复上一步删除的角色、造型、声音和背景。"打开加速模式"能使舞台程序运行速度加快，延时变短。"连接设备"菜单可以控制硬件设备的连接和打开，其中"打开设备管理器"以及"一键安装串口驱动"命令便于检查硬件的连接问题。

用户可以通过菜单栏右侧的"意见反馈"命令，向 Mind+官方直接反馈使用意见和建议，Mind+官方通过用户留的网络邮箱进行反馈。用户如果开展程序设计、游戏开发、动画制作等项目可选择"实时模式"，如果需要对硬件模块进行编程，可选择"上传模式"，如果要使用 Python语言与硬件进行交互，可选择"Python 模式"。菜单栏最右端的"齿轮"图标，包含"语言设置""显示设置""主题设置""缓存设置"等功能，便于用户对编程环境进行自定义设置。

功能区中包括"模块"、"造型"和"声音"面板。"模块"面板中列有程序块(也称为积木)。用户可以通过"造型"面板对当前选择的角色或背景进行图形编辑，或绘制新的角色或背景，如图 5-10 所示。"声音"面板则可以对当前角色或背景的声音进行编辑，如图 5-11 所示。

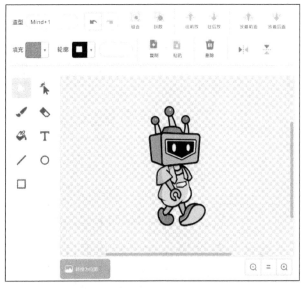

图 5-10　　"造型"面板

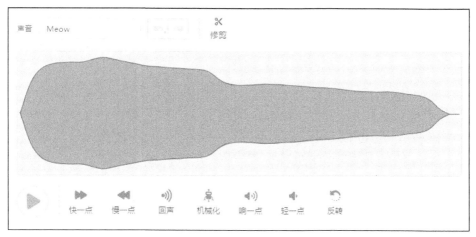

图 5-11　"声音"面板

积木区中包含的基本功能积木有"运动""外观""声音""事件""控制""侦测""运算符""变量""函数"。用户还可以通过单击"扩展"图标 加载额外的"音乐""画笔"等功能模块，如图 5-12 所示。

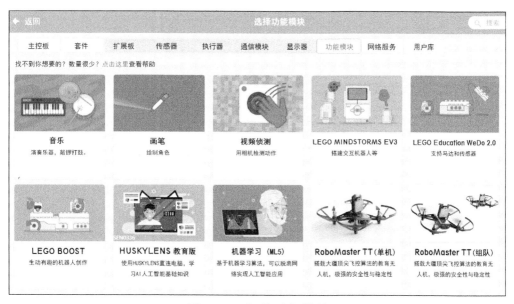

图 5-12　加载功能模块

在编程区，用户拖拽"积木"到编程区进行程序编写。编程区右下方的图标分别代表撤销上一步操作（ ↺ ）、重做上一步操作（ ↻ ）、对编程区进行截屏（ ▥ ）、放大编程区视图（ ⊕ ）、缩小编程区视图（ ⊖ ）、编程区视图居中显示（ ＝ ）。

舞台区用于显示当前的 Mind+项目。用户单击舞台区的左上方的"运行"按钮 ▶，就可以运行当前项目，单击"停止"按钮 ⬢，则停止该项目。舞台的显示模式有四种，分别是大舞台模式（ ▣ ）、小舞台模式（ ▢ ）、无舞台模式（ □ ）和舞台全屏模式（ ⤢ ），以控制舞台区域显示的大小。图标 ●未连接设备 用于显示硬件连接状态。舞台区中的位置坐标 $x$、$y$ 只代表数值，是没有单位的。Mind+的舞台是一个 485 像素×360 像素的矩形空间，默认的 Mind+机器人角色的初始位置是舞台中心的原点坐标（0,0），如图 5-13 所示。

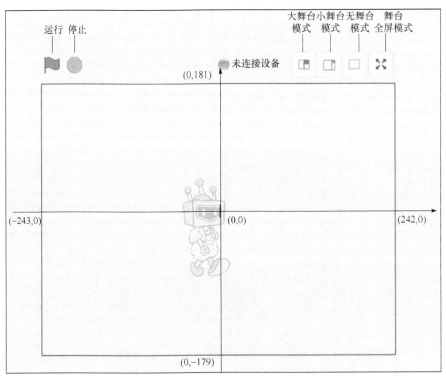

图 5-13  舞台及坐标系

在角色区和背景区，用户可以添加或删除角色和背景。角色区中能显示当前角色的名称、位置坐标、大小、方向和显示，如图 5-14 所示。

图 5-14　角色与背景区

用户单击角色区中的"角色库"图标 时会弹出四个图标按钮，分别是"从计算机中上传角色"按钮 、"自行绘制角色"按钮 、"随机使用角色库中的角色"按钮 和"从角色库中引入角色"按钮 。Mind+角色库中包括动物、人物、奇幻、舞蹈、音乐、运动、食物和时尚几种类型的角色可供用户选择，用户只需单击"从角色库中引入角色"按钮 ，就会出现选择角色的窗口，如图 5-15 所示，单击想使用的角色，角色便出现在舞台区，同时角色区会出现该角色的图标。

用户单击背景区中的"背景库"图标 ，同样会弹出与角色库相同的四个图标选项按钮："从计算机中上传背景"按钮 、"自行绘制背景"按钮 、"随机使用角色库中的背景"按钮 和"从背景库中引入背景"按钮 。

Mind+背景库中包括奇幻、音乐、运动、户外、室内、太空、水下和图案几种类型的背景可供用户选择，用户只需单击"从背景库中引入背景"按钮 ，就会出现选择背景的窗口，如图 5-16 所示，单击想使用的背景，背景便出现在舞台区，同时背景区中会同时出现该背景的图标。

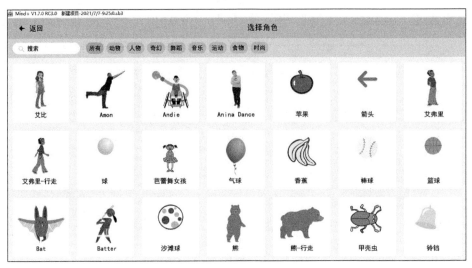

图 5-15　角色库

图 5-16　背景库

## 5.1.3　Mind+积木语句

　　Mind+积木区中包括 8 种基本功能积木块，分别是"事件""外观""声音""运动""侦测""运算符""控制""变量"。本节通过结合示例的形式对上述几种基本的功能积木块作简要介绍。

1. 事件积木块

事件积木主要起到启动程序的作用，例如，当用户单击舞台区中的
"运行"按钮 🏳 时，当用户按"空格"键时，当用户单击舞台区中的"角
色"按钮时，当接收到广播消息时，当舞台区背景切换时，程序便开始
运行，如图 5-17 所示。

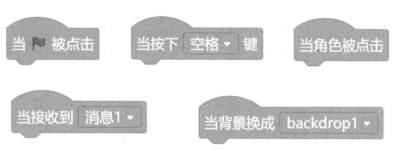

图 5-17　起到启动程序作用的事件积木

事件积木中还有两个起到广播作用的积木：广播 消息1 ▼ 是发送广播
消息给所有角色及舞台，广播 消息1 ▼ 并等待 是传送消息给所有角色及舞台并
等待直到所有角色及舞台都接收到该消息。

2. 外观积木块

外观积木主要用于设置角色和背景的显示状态。积木 显示 能使角色
在舞台上呈现出来，积木 隐藏 能使角色在舞台上消失。积木"背景编号"
和"造型编号"能使背景和角色在舞台上显示出其编号或名称，如图 5-18
所示。积木 大小 能在舞台上显示出角色的大小。

图 5-18　积木"背景编号"和"造型编号"

积木"换成 Mind+1 造型"能将角色切换到指定造型；积木"换成
backdrop1 背景"能将舞台背景切换到指定背景；积木"下一个背景"可

将舞台背景切换到背景列表中的下一个背景；积木"下一个造型"可将角色造型切换到造型列表中的下一个造型，如图 5-19 所示。

图 5-19　能设定角色造型和背景的积木

**实例 5-1**　交互动画《机器人行走》

本实例利用事件积木和外观积木来控制 Mind+自带机器人角色的行走和动画背景的变化。

首先，设置背景和角色。新建一个 Mind+项目，机器人角色自动出现在舞台区，同时角色区中出现机器人角色的图标。单击"背景库"图标 📷，选择"背景库"中的"从计算机中上传背景"图标，导入图片素材"跑道"和"藤蔓"，如图 5-20 所示。

图 5-20　导入图片素材"跑道"和"藤蔓"

　　然后，编写程序。分别选择角色区的机器人图标和背景区的图片"跑道"，在编程区中为机器人角色编写如图 5-21(a)所示的脚本程序，当单击"运行"按钮 ▶ 时，机器人的造型为"Mind+1"，此时的背景为图片"跑道"，背景的脚本程序如图 5-21(b)所示。

(a) 机器人的脚本程序　　　　　　　　(b) 背景的脚本程序

图 5-21　当单击"运行"按钮时机器人和背景的脚本程序

　　机器人角色是由 4 张图片构成的一个行走的循环动画，4 张图片的名称分别是 Mind+1、Mind+2、Mind+3 和 Mind+4，如图 5-22 所示。

Mind+1　　　　　Mind+2　　　　　Mind+3　　　　　Mind+4

图 5-22　机器人角色的循环行走图片

　　当按"空格"键时，机器人角色换为下一个造型，即显示图片 Mind+2，脚本程序如图 5-23(a)所示，背景换为图片"藤蔓"，背景的脚本程序如图 5-23(b)所示。最终运行效果如图 5-24 所示。

　　外观积木中的积木 说 你好! 让角色以气泡框形式持续显示用户输入的文字，积木 说 你好! 2 秒 让角色以气泡框形式显示用户输入的文字，显示时间结束后文字消失。积木 思考 嗯…… 让角色以气泡框形式持续显示思考的文字内容，积木 思考 嗯…… 2 秒 让角色以气泡框形式显示思考的文字内容，显示时间结束后文字消失。

(a) 机器人的脚本程序　　　　　　　　　　　(b) 背景的脚本程序

图 5-23　当按下"空格"键时机器人和背景的脚本程序

图 5-24　控制机器人和背景变化的最终效果

　　用户还可以利用外观积木对角色的大小、特效和图层顺序进行设置。积木 将大小设为 100 可将角色大小按百分比进行设定，默认的角色大小为 100%，积木 将大小增加 10 可将角色大小按指定百分比放大，如果输入负数则按指定百分比缩小。角色特效有 7 种，分别是颜色、鱼眼、漩涡、像素化、马赛克、亮度和虚像，用户可以将任意一种特效按指定百分比改变其效果，如图 5-25 和图 5-26 所示。积木 清除图形特效 可用于清除角色图形特效。积木 移到最 前面 可将角色移到最前面或最后面的图层，积木 前移 1 层 可将角色前移或后移到指定图层。

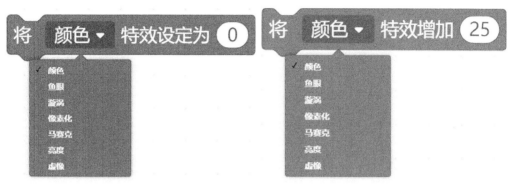

图 5-25　将角色指定特效设定为　　　　图 5-26　将角色指定特效按指定
　　　　　　指定百分比　　　　　　　　　　　　　　百分比增强或减弱

### 3. 声音积木块

声音积木主要用于控制声音的播放及调整音调、音量的状态。积木 播放声音 Meow ▼ 能播放 Mind+自带音乐库或自行录制的声音，在声音播放时，声音可以被中途打断，使用积木 播放声音 Meow ▼ 等待播完 时，声音会一直播放完，积木 停止所有声音 能停止所有声音的播放。默认声音"Meow"是一段猫咪的叫声，用户可以进入声音模块中对该声音片段进行编辑，可以使声音快一点、慢一点、生成回声效果等，还可以通过声音修剪工具截取某一声音片段，并将截取的声音片段保存，如图 5-27 所示。

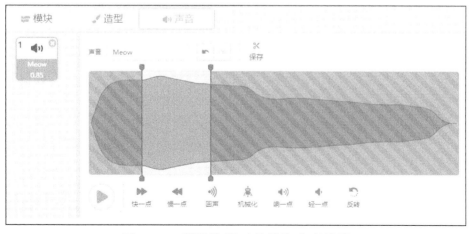

图 5-27　利用修剪工具截取声音片段

　　选择从计算机上传声音(其图标为 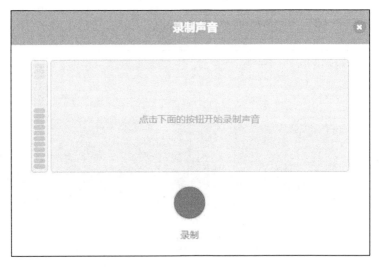)，或从 Mind+自带的声音库中引入声音(其图标为 )。Mind+自带的声音库包括的声音类型有动物、效果、可循环、音符、打击乐器、太空、运动、人声和古怪，如图 5-28 所示。

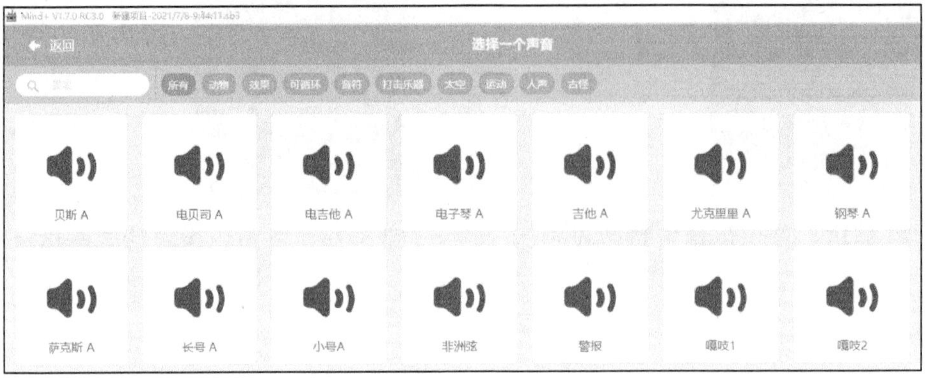

图 5-28　音乐库

　　此外，Mind+提供了录音功能，单击"添加声音"图标 ，选择"录制"选项 ，启动录制声音界面，单击"录制"按钮，如图 5-29 所示，就可以进行声音的录制，录制结束后，单击"停止录制"按钮，如图 5-30 所示，并保存录制好的声音文件。此时，在声音模块中就会出现录制好的声音图标和波形图，如图 5-31 所示。

图 5-29　录制声音界面

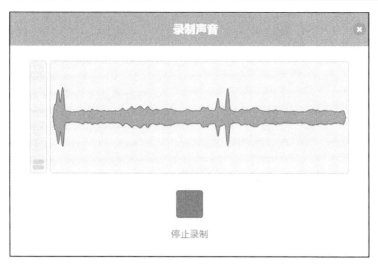

图 5-30 停止录制声音界面

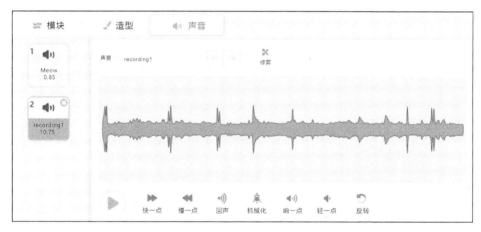

图 5-31 声音录制完成

**实例 5.2** 交互动画"机器人预约图书馆座位"

本实例利用事件积木、外观积木和声音积木来控制 Mind+ 自带的机器人角色与图书馆座位预约机进行交互的动画。

首先，准备场景。创建新项目，在背景库中选择图片"蓝天"作为背景，在角色库中上传图片"图书馆预约机"，该图片格式为 PNG，仍然使用自带的机器人角色，调整两个角色的大小，如图 5-32 所示。

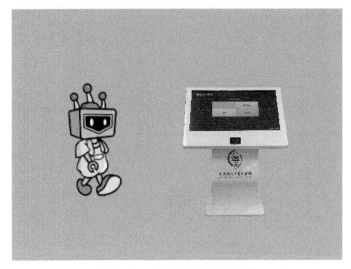

图 5-32　图书馆场景布置

　　然后，编写程序。当单击"运行"按钮 📢 时，机器人角色以气泡框的形式显示"你好！我想预约图书馆二层自习室的座位"，气泡框及文字于 2 秒后消失，同时，向图书馆座位预约机发出信息"预约座位"，如图 5-33 所示。

图 5-33　机器人角色向图书馆座位预约机发出预约请求

　　图书馆座位预约机接收到"预约座位"的信息后，先播放一段声音"连接提示音效"，然后以气泡框的形式显示"你好！欢迎来到图书馆"及"你好！二层自习室 2A021 座位已经帮你预约成功"，当文字消失后，发出信息"预约成功"，如图 5-34 所示。

　　机器人角色接收到"预约成功"的信息后，换成下一个角色造型，并将角色颜色增加 25，然后以气泡框的形式显示"太好了！谢谢"，程序如图 5-35 所示。

图 5-34　图书馆座位机预约成功并向机器人角色　　　图 5-35　机器人角色接收到
　　　　　　　发出信息　　　　　　　　　　　　　　预约成功的信息并做出反应

### 4. 运动积木块

运动积木主要用于控制角色的运动状态，包括位置、移动、旋转、朝向以及与舞台边缘碰撞后的运动状态。用户可以通过选择运动积木中的 $x$ 坐标、$y$ 坐标和方向，获得当前角色在舞台中的 $x$ 坐标、$y$ 坐标和角色朝向的值，并在舞台区中显示出来，如图 5-36 所示。

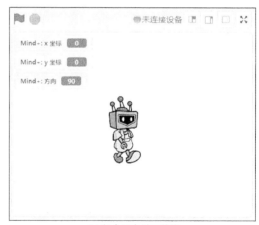

(a) 运动积木中勾选属性　　　　　　　　　(b) 舞台区中显示数值

图 5-36　角色当前的 $x$ 坐标、$y$ 坐标和方向的值

积木 将x坐标设为 0 和积木 将y坐标设为 0 能将角色的 $x$ 坐标和 $y$ 坐标设为指定的数值，积木 将x坐标增加 10 和积木 将y坐标增加 10 能将角色的 $x$ 坐标和 $y$ 坐标增加指定的数值。

对于角色的移动控制，积木 移动 10 步 能使角色向右移动指定的步数，

积木 移到x: 0 y: 0 能使角色移动到指定的坐标点，积木 移到 随机位置 能使角色移动到随机位置或鼠标指针的位置，积木 在 1 秒内滑行到 随机位置 能使角色在指定的时间内滑行到随机位置或鼠标指针的位置，积木 在 1 秒内滑行到x: 0 y: 0 能使角色在指定的时间内滑行到指定的坐标点。

对于角色的旋转控制，积木 右转 ↻ 15 度 和积木 左转 ↺ 15 度 能使角色向右或向左旋转指定的角度，积木 将旋转方式设为 左右翻转 能将角色的旋转方式设定为左右翻转、不可旋转或任意旋转。

对于角色的朝向控制，积木 面向 90 方向 能使角色面向指定的方向，积木 面向 鼠标指针 能使角色面向鼠标指针的方向。这里需要注意的是 Mind+ 中的方向与我们日常理解的方向有所不同，如图 5-37 所示。积木 碰到边缘就反弹 能控制角色与舞台边缘的碰撞，使角色碰到舞台边缘时，改变原有的运动方向，并向相反的方向运动。

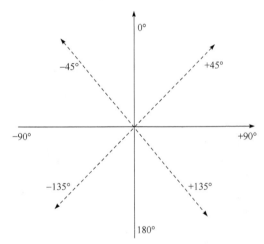

图 5-37　Mind+中的方向

**实例 5.3　交互动画"机器人路径动画"**

本实例利用事件积木和运动积木控制 Mind+ 自带的机器人角色沿着 4 个指定位置点行走，4 个位置点的坐标分别是(0,120)、(100,120)、(100,−120)、(0,−120)，如图 5-38 所示。

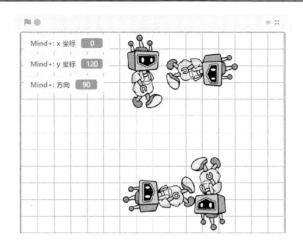

图 5-38　机器人角色的行走

首先，新建一个项目，然后从背景库中引入背景图片"网格"。再选择运动积木中的 x 坐标、y 坐标和方向，其数值出现在舞台区的右上方。

其次，编写程序，当单击"运行"按钮时，设置机器人起始点的位置为(0,120)，方向为 90°，如图 5-39 所示。

然后，利用积木 在 1 秒内滑行到 x: 0 y: 0 设置机器人角色的移动位置和移动时间，用积木 面向 90 方向 设置机器人角色的旋转方向，当机器人经过余下 3 个位置点时，依次向右转 90°，程序如图 5-40 所示。

图 5-39　机器人角色的初始位置

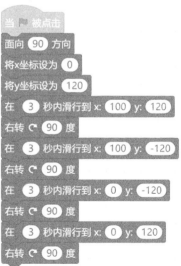

图 5-40　机器人角色的行走程序

5. 侦测积木块

侦测积木可以对颜色、鼠标、键盘进行侦测，并能获取鼠标位置、响度、计时器等信息。

积木 碰到颜色● ？ 判断角色是否碰撞到某种颜色，积木 颜色○碰到● ？ 判断角色身上的某种颜色是否碰撞到其他颜色，积木 碰到 鼠标指针▾ ？ 判断角色是否碰到鼠标指针或舞台边缘，积木 按下鼠标? 判断鼠标是否按下，当鼠标按下时，此条件成立。积木 到 鼠标指针▾ 的距离 能探测出角色到舞台上鼠标指针的距离。可利用积木"按下空格键"侦测键盘上的"空格"等按键是否按下，如图 5-41 所示。

当选择积木 响度 、 当前时间的 年▾ 、 计时器 复选框后，可以分别获取：计算机麦克风的响度；当前时间的"年""月""日""星期""时""分""秒"；计时器会自动随时间从 0 开始增加，并在舞台区的右上方显示相应的数值。

图 5-41　积木"按下空格键"

6. 运算符积木块

运算符积木主要由算术运算符积木、关系运算符积木、逻辑运算符积木和与字符相关的运算符积木构成。

算术运算符积木包含加、减、乘、除四个基础的运算积木，如图 5-42 所示。进行求余运算，使用积木 ⬭除以⬭的余数 ；进行四舍五入运算，使用积木 四舍五入⬭ 。

图 5-42　算术运算符

算术运算符积木是可以嵌套的，每个参数积木均被认为是一个小括号，例如，6+[2×(15/3)]，表示为 6 + 2 * 15 / 3 。如果想在两个指定数字之间取随机数进行运算，可以使用积木 在 1 和 10 之间取随机数 。如果对数值进行取绝对值、向下取整、向上取整、平方根等常用高级数学计算，使用积木 绝对值▾ ⬭ 。

关系运算符积木包括大于判断积木 ⬭ > 50 、小于判断积木 ⬭ < 50 和等于判断积木 ⬭ = 50 。

逻辑运算符积木包括逻辑与运算符积木、逻辑或运算符积木和逻辑非运算符积木。逻辑与运算符积木 ◆ 与 ◆ ，表示的是如果两个操作数都为真，则条件为真。逻辑或运算符积木 ◆ 或 ◆ ，表示的是如果两个操作数中有任意一个为真，则条件为真。逻辑非运算符积木 非 ◆ ，用来逆转操作数的逻辑状态，如果条件为真，则逻辑非运算符将使其为假。

与字符相关的运算符积木，主要用于处理单词和标点符号。积木 合并 apple banana 可以将 2 个字符之间连接合并，积木 apple 的第 1 个字符 能提取字符串中的某一单个字符，积木 apple 的字符数 能获得字符串的字符个数，例如，apple 一共有 5 个字符，于是结果等于 5，积木 apple 包含 a ? 用于判断字符串中是否包含某个字符，积木 apple 获取 第▾ 1 个字符到 第▾ 2 个字符 能获取字符串中某一段字符，积木 查找 ap 在 apple 中 首次 ▾ 出现位置 获取字符在字符串中首次或最后一次出现的位置。

### 7. 控制积木块

控制积木主要包括循环控制积木、条件判断积木、控制脚本运行积木以及控制克隆体的积木。

循环控制积木有三种形式的积木，分别是程序无条件地一直重复执行，如图5-43(a)所示；重复执行一定的次数之后结束循环，如图5-43(b)所示；重复执行直到满足某一触发条件才停止执行程序，如图 5-43(c)所示。

(a) 无条件地一直重复执行　　(b) 重复执行一定次数　　(c) 重复执行直到满足某一触发条件

图 5-43　循环控制积木

条件判断积木有三种形式的积木，依次为当判断触发条件为真时，程序才会执行，使用如图5-44所示的积木；当需要进行多重条件判断时，使用多重条件判断积木，如图 5-45 所示，通过单击 ⊕ 按钮添加更多的条件；若判断触发条件为真，则程序执行，若判断触发条件为假，则程序执行"否则"中的语句，如图5-46所示。

图 5-44　条件判断积木

图 5-45　多重条件判断积木

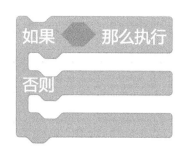

图 5-46　"如果……那么……否则"判断积木

控制脚本运行积木有两种：如果想让程序持续保持某种状态一段时间，可以使用积木 等待 1 秒 ，积木 等待直到 等待直到触发条件达到时才执行下一条程序。

此外，可以利用控制克隆体的积木对克隆体进行如下控制，当作为克隆体启动时触发，积木 当作为克隆体启动时 用于控制克隆体的具体行为，积木 克隆 自己 能将自身角色进行克隆，积木 删除此克隆体 能删除当前程序中的克隆体。

8. 变量积木块

在变量积木模块中，可以创建变量或列表，如图 5-47 所示。当单击"新建变量"按钮时，会弹出一个"新建变量"对话框，并可以设置该变量适用于所有角色或仅适用于当前角色，如图 5-48 所示。

图 5-47　变量模块中的各个积木

图 5-48　新建变量窗口

积木 `设置 my variable ▾ 的值为 0` 将变量的值设为某个数值，积木 `将 my variable ▾ 增加 1` 能将变量增加或减少某个数值，积木 `显示变量 my variable ▾` 和积木 `隐藏变量 my variable ▾` 能将变量信息显示或隐藏在舞台区。

列表其实就是一个数列，单击"新建列表"按钮创建一个列表"等级"，如图 5-49 所示，利用积木 `将 东西 加入 等级 ▾` 给数列添加项。例如，将优秀、良好、及格三个等级添加到等级列表后，如图 5-50 所示，在舞台区就能看到列表中添加的数据，如图 5-51 所示。此外，积木 `等级 ▾ 的第 1 项` 能获取"等级"列表的第一项数据，积木 `等级 ▾ 的项目数` 能获取"等级"列表的项目数，积木 `等级 ▾ 中第一个 东西 的编号` 能获取"等级"列表的第一个"东西"的编号，积木 `显示列表 等级 ▾` 和积木 `隐藏列表 等级 ▾` 能控制列表在舞台区的显示和隐藏。

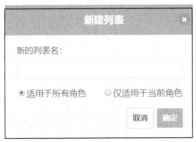

图 5-49　新建列表窗口

图 5-50　添加项到列表"等级"中

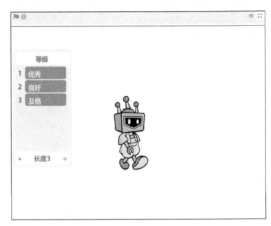

图 5-51　舞台区中显示列表"等级"

**实例 5.4**　仿真实验《苹果落地》[①]

本实例通过 Mind+制作"苹果落地"这一动画效果，模拟自由落体这一物理实验，并能使学生直观地观察到全过程中各物理量的数值变化。

首先，分析物理量。自由落体运动涉及的变量主要包括速度 $v$、时间 $t$、下落高度 $h$、重力加速度 $g$，变量间的关系主要如下：

$$v = gt$$

$$h = \frac{1}{2}gt^2$$

其次，创建场景。在角色库中选择角色"苹果"，并设置苹果的大小为 50，如图 5-52 所示，在背景库中选择背景"蓝天"，如图 5-53 所示。

图 5-52　导入角色"苹果"　　　　图 5-53　导入背景"蓝天"

然后，选择角色"苹果"，在变量积木模块中新建 4 个变量分别是速度 $v$、时间 $t$、下落高度 $h$ 和重力加速度 $g$，并选择变量，如图 5-54 所示，使 4 个变量能在舞台区显示出来，如图 5-55 所示。

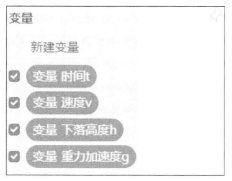

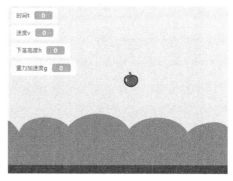

图 5-54　创建并勾选 4 个变量　　　图 5-55　在舞台区中显示 4 个变量

---

① 仿真实验《苹果落地》由北京市第五十四中学教师余国香提供。

　　最后，编写程序。当单击"运行"按钮时，苹果初始的 $x$ 坐标位置为 0，$y$ 坐标位置为 180，并将 4 个变量的初始值分别设定如下：速度 $v$ 为 0、时间 $t$ 为 0、下落高度 $h$ 为 0、重力加速度 $g$ 为 9.8，如图 5-56 所示。

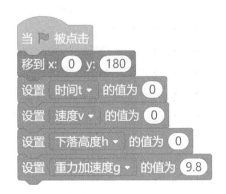

图 5-56　设置角色"苹果"和变量的初始值

　　当按"空格"键时，循环执行图 5-57 中的程序，每间隔时间 1，计算出苹果自由下落的高度 $h$，并将苹果移动到相应的位置，同时克隆自己，便于学生观察苹果的下落状态，只要满足条件"苹果下落高度 $h$ 小于 –180"即苹果落地，停止全部脚本，最终效果如图 5-58 所示。

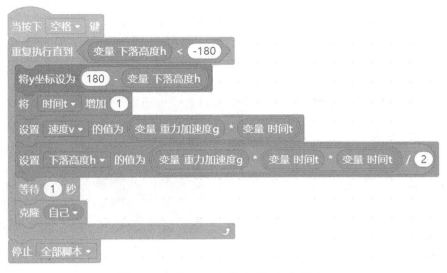

图 5-57　按"空格"键时的程序

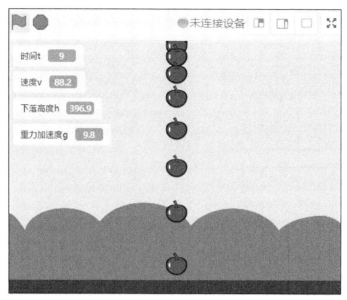

图 5-58　苹果落地的最终效果

**实例 5.5**　益智游戏《贪吃蛇》[①]

本实例《贪吃蛇》的游戏规则为：玩家控制一条贪吃蛇，在长方形的场地里行走，贪吃蛇会按玩家所按的方向行走或转弯，如果蛇头吃到豆子后蛇身会变长，豆子被吃掉后会消失，会有新的豆子随机出现在某个位置，若蛇在移动时触碰到了舞台边缘，则游戏结束。游戏流程如图 5-59 所示。

首先，新建项目，在角色库中使用绘制工具，绘制贪吃蛇的蛇头。选择工具栏中的绘制圆形工具，并设置填充色为黄色，在画布上绘制一个圆，如图 5-60 所示。

其次，绘制贪吃蛇的眼睛，将填充的颜色设置为白色，在工具栏中选择绘制圆形工具，按住 Shift 键用鼠标在角色的合适位置拖拽出一个白色的正圆。再将填充的颜色设置为黑色，在工具栏中选择绘制圆形工具，按住 Shift 键用鼠标在白色圆内拖拽出一个小的黑色的正圆，蛇的左眼就绘制成功了，如图 5-61 所示。利用"选择"和"组合"工具将白色的圆和黑色的圆组合成一个图形，将组合后的图形复制、粘贴，移动到合适

---

[①]　益智游戏《贪吃蛇》由北京学校鲁子嘉提供。

位置作为蛇的右眼，效果如图 5-62 所示。

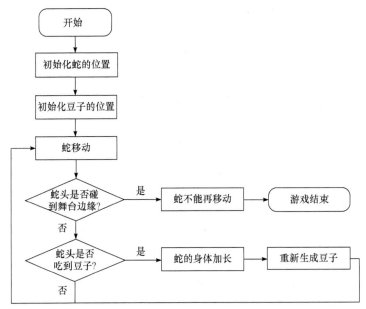

图 5-59　游戏《贪吃蛇》的流程图

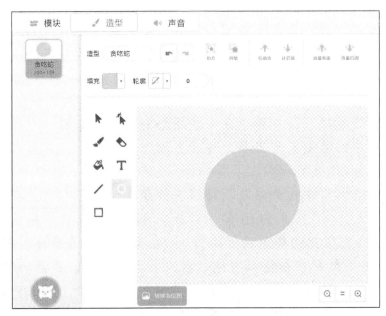

图 5-60　绘制"贪吃蛇"的蛇头

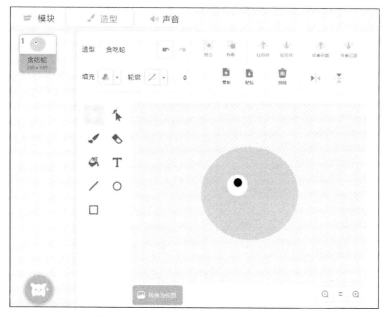

图 5-61　绘制"贪吃蛇"的左眼

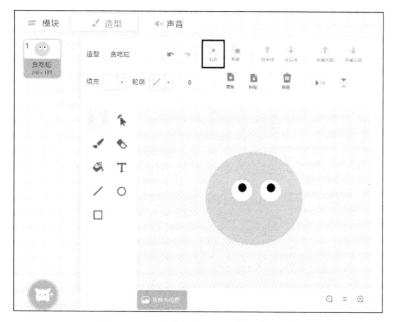

图 5-62　绘制"贪吃蛇"的右眼

　　绘制好贪吃蛇的蛇头后,从角色库中引入角色球,并将球的名称修改为豆子,如图 5-63 所示。进入角色绘制界面,创建文字"游戏结束",

如图 5-64 所示。

图 5-63 创建角色"豆子"

图 5-64 创建文字"游戏结束"

　　游戏开始时，贪吃蛇的初始位置在舞台的原点(0,0)，循环检测键盘的按键输入，当按下键盘上的"↑""↓""←""→"键时，贪吃蛇跟随键盘按键指示的方向移动，当碰到舞台边缘时，发送广播消息"游戏结束"，程序如图 5-65 所示。

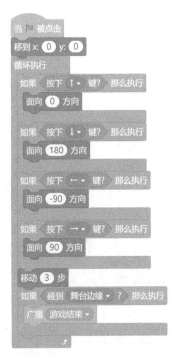

图 5-65 控制"贪吃蛇"的移动

　　贪吃蛇在吃掉豆子后自身的长度会增加，这个功能是通过 Mind+ 中的"克隆"功能实现的，"克隆"功能是在角色所在的位置复制该角色，游戏开始后，贪吃蛇就不停地克隆自己，如图 5-66 所示，如果把所有的克隆体都显示出来，就会呈现出 "无论是否吃掉豆子，只要贪吃蛇移动，贪吃蛇的长度就会增加"的现象。因此应该删除不符合得分条件的克隆体，贪吃蛇没有吃掉豆子时，贪吃蛇的长度不变，意味着克隆体出现就会被立刻删除，克隆体出现到被删除的时间间隔为 0；当吃掉豆子后，贪吃蛇继续移动，而克隆体则是等待一段时候后才被删除，从而呈现出贪吃蛇长度增加的效果。等待时间的设置是实现增加长度功能的重点，如果等待的时间过短，角色还没有移动，克隆体就已经被删除了，即使已经吃掉豆子也会因为克隆体在角色移动前就被删除而无法出现增加长度的效果；如果等待的时间过长，角色移动很远了克隆体还没被删除，这样即使没有吃掉豆子，从视觉上看，贪吃蛇的长度还是会增加。可以让吃掉豆子后所得的分数影响等待时间，设置变量得分，等待时间则为变量得分×0.05 秒，程序如图 5-67 所示。

图 5-66　克隆"贪吃蛇"

图 5-67　设置克隆体的等待时间

　　游戏开始时，豆子随机出现在舞台的某个位置，在被贪吃蛇吃掉后消失，同时玩家获得 1 分，豆子再重新出现在某个随机位置，该功能的程序如图 5-68 所示。

　　游戏结束画面的设置，当开始游戏时，文字"游戏结束"隐藏起来，当蛇碰到舞台边缘并广播"游戏结束"时，文字"游戏结束"收到消息"游戏结束"后则显示，并停止全部脚本，使游戏结束，程序如图 5-69 所示，游戏结束的画面，如图 5-70 所示。

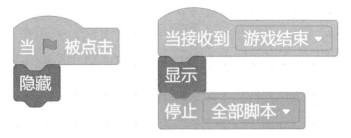

图 5-68　　"豆子"的程序

图 5-69　　"贪吃蛇"游戏结束画面的程序

图 5-70　　"贪吃蛇"游戏结束的画面

**实例 5.6**　益智游戏《打地鼠》①

打地鼠的游戏规则为：在一定时间内地鼠随机出现在洞口，玩家要在地鼠出现的时候击中它，击中加分，反之地鼠会随之消失，时间耗尽则游戏结束。程序设计时需要考虑的要点分别为：地鼠的随机生成和消失，锤子击打地鼠并记录分数，计时结束显示游戏结束画面。游戏的流程为：游戏一开始，随时出现地鼠，并开始计时，如果计时没有结束就返回，随机生成地鼠，否则判断是否打到地鼠，打到地鼠，地鼠消失并记分，如果没有打到地鼠，地鼠在一定时间内消失，游戏流程如图 5-71 所示。

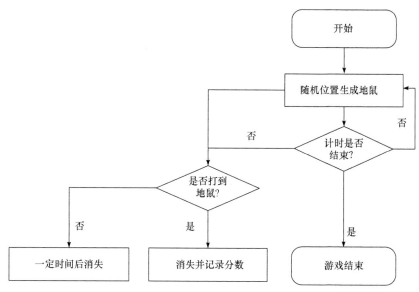

图 5-71　游戏"打地鼠"的流程图

首先，新建项目，上传地鼠、洞口和锤子素材，调整素材的大小，依次将地鼠摆放在洞口素材的后面，分别选中地鼠和洞口素材复制出其余的 5 组地鼠和洞口，如图 5-72 所示，并将地鼠素材按顺序命名为地鼠 1、地鼠 2、…、地鼠 6，洞口素材按顺序命名为洞口 1、洞口 2、…、洞口 6，如图 5-73 所示。

---

① 益智游戏《打地鼠》由北京学校鲁子嘉提供。

图 5-72 　"打地鼠"的场景

图 5-73 给地鼠和洞口素材命名

其次，地鼠的随机生成和消失的实现。当游戏开始时，地鼠没有显示在舞台上，选择素材"地鼠1"，将事件积木模块中的积木 当 ▶ 被点击 拖拽到编码区，将"外观积木模块中的积木 隐藏 放在其下方，如图 5-74 所示，其他地鼠也按此进行设置。

然后，设置地鼠的随机数。游戏中共有 6 只地鼠，因此把随机数选取的范围设置为 1~6，使用积木 在 1 和 10 之间取随机数 以实现随机数。为了实现"锤子"和"地鼠"之间的通信，需要使用事件积木模块中的积木 广播 消息1 ▼ 。在游戏结束之前，地鼠应该一直是随机出现的，所以在地鼠随机出现的功能中要引入循环语句。将控制积木模块中的积木"循环执行"拖拽到编码区，将"广播"与"随机数"结合后的积木拖拽到"循环执行"积木中。在每次地鼠随机出现之前都有短暂的间隔时间，这个间隔时间可以通过控制积木模块中的积木 等待 1 秒 来实现，将控制积木模块中的积木 等待 1 秒 拖拽到"广播"与"随机数"结合的积木下，并设置等待时间为 0.5 秒，如图 5-75 所示。

图 5-74　游戏开始时，地鼠没有显示

图 5-75　取随机数

以"地鼠 1.jpg"为例，当地鼠接收到信息及碰到锤子后的程序如下：将事件积木模块中的积木 当接收到 消息1 拖拽到编码区，当"地鼠 1"接收到消息 1 时，代表这时随机出现的地鼠应该是"地鼠 1"，地鼠的出现需要用到外观积木模块中的积木 显示 。在地鼠显示后，如果锤子碰到了地鼠，那么地鼠就会隐藏起来；如果锤子没有碰到地鼠，那么地鼠会等待一定时间后再隐藏起来，在此把这个时间设定为 1 秒。这个逻辑可以通过控制积木模块中的"如果……那么执行……否则……"积木来实现，程序如图 5-76 所示。完成"地鼠 1"的编码后可以继续对其他几只地鼠进行编码，要注意的是其他几只地鼠接收消息的消息编号和地鼠的编号一致，即"地鼠 2"对应"接收消息 2"、…、"地鼠 6"对应"接收消息 6"。

为了显示游戏的得分和时间，需要设置两个变量"得分"和"时间"，"得分"用来记录分数，"时间"用来控制游戏的结束条件。在变量积木模块中选择"新建变量"选项，分别将新建变量命名为"得分"和"时间"，并将变量设定为适用于所有角色，如图 5-77 所示。

图 5-76　地鼠碰到锤子马上消失

图 5-77　设置得分和时间变量

最后，编写锤子的程序。为了增加游戏紧张感，本游戏时间设置为60 秒。当游戏运行时，利用循环语句设置，只要没到游戏时间，即 60 秒，锤子会一直移动到鼠标指针的位置并处于随时击打地鼠的状态，使用条件判断语句判断鼠标是否按下，并通过积木 碰到 鼠标指针 ? 侦测是否碰到地鼠，利用逻辑或积木 或 设置得分条件，只要碰到任意一只地鼠就得分，程序如图 5-78 所示。

图 5-78　锤子的主程序

为了增加游戏效果，给锤子增加一个打下去后抬起来的动作，这个动作的发生可以通过设置锤子旋转的角度来实现，当按下鼠标左键时，锤子左转 15 度，等待 0.1 秒后，再向右转度 15 度。同时，添加锤子挥动时的音效，程序如图 5-79 所示。

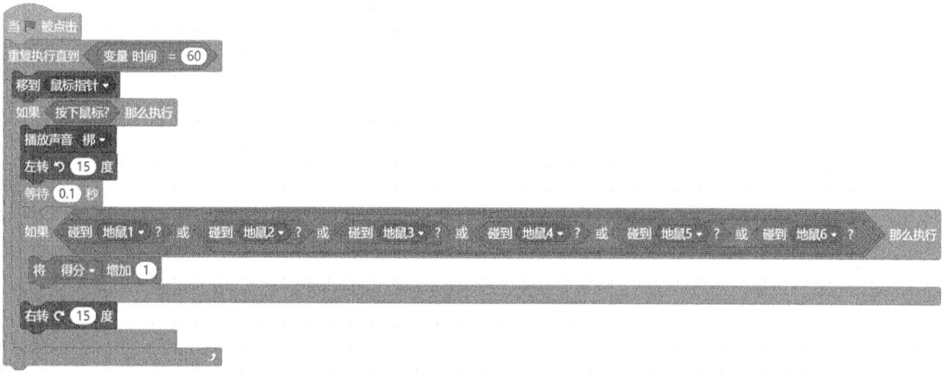

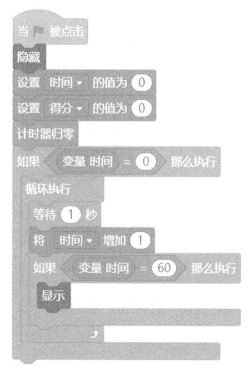

图 5-79　锤子的程序

游戏结束的设置，引入素材图片"GAME OVER"，当游戏运行时，图片"GAME OVER"处于隐藏状态，同时将变量时间和变量得分的值设为 0，将计时器归零，随着时间的增加，计时器中的数字持续加 1。当到 60 秒时，游戏时间结束，图片"GAME OVER"出现，程序如图 5-80

图 5-80　图片"GAME OVER"的程序

所示，游戏结束画面的效果如图 5-81 所示。

图 5-81　游戏"打地鼠"的结束画面

## 5.2　教育游戏程序设计案例

本节主要通过两款教育游戏《垃圾分类》和《海底猜谜》介绍教育游戏设计的思路与基于 Mind+的程序实现方法。

### 5.2.1　教育游戏《垃圾分类》[①]

1. 游戏概述

游戏《垃圾分类》中包含 9 种垃圾，分别是菜叶、废电池、旧鞋子、瓶子、食品袋、温度计、烟头、鱼骨头和纸箱。玩家将随机生成的垃圾按照垃圾分类的标准投放到适合的垃圾箱(厨余垃圾垃圾桶、有害垃圾垃圾桶、可回收物垃圾桶和其他垃圾垃圾桶)，投放正确显示正确图标(√)，并获得 1 分，投放错误显示错误图标(×)，玩家不得分，当玩家得到 20 分时，顺利完成垃圾分类任务，游戏结束；当玩家的错误次数达到 3 次

_____

① 教育游戏《垃圾分类》由北京学校鲁子嘉提供。

时，游戏结束。

### 2. 程序设计

首先，导入角色创建背景。启动 Mind+软件后，新建项目，删除默认的机器人角色，将项目命名为"垃圾分类"并保存项目。在角色库中，单击"上传角色"按钮，将菜叶、废电池、旧鞋子等素材导入角色库并调整素材的大小，同时导入图标"正确"和图标"错误"以及四个垃圾桶的图片素材，如图 5-82 所示。在背景库中，单击"自行绘制背景"按钮，设定填充色为蓝色，创建一个纯蓝色的背景，如图 5-83 所示。

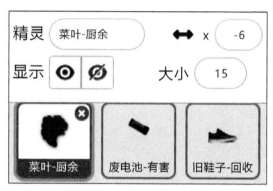

图 5-82　导入素材"垃圾"

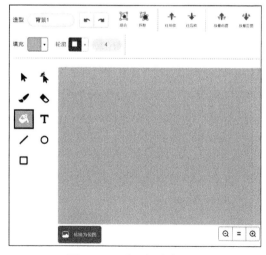

图 5-83　创建纯色背景

其次，设置初始画面，选择背景库中的蓝色背景，设置背景的初始状态，当单击"运行"按钮时，在舞台区显示出蓝色背景。同时在变量积木模块中，设置如下变量：得分、错误次数、正确、错误、随机垃圾、下一个。其中，选择变量"得分"和"错误次数"，使其在舞台区中可见，如图 5-84 所示。

当游戏运行时，将变量"得分"和"错误次数"的初始值设为 0，并广播消息"游戏开始"和"随机生成垃圾"，程序如图 5-85 所示。

图 5-84　设置游戏"垃圾分类"的变量　　图 5-85　显示蓝色背景并开始游戏

当游戏开始运行时，四个垃圾桶出现在画面的下方：可回收物垃圾桶的坐标为(-180，-113)，其他垃圾垃圾桶的坐标为(-60，-113)，厨余垃圾垃圾桶的坐标为(60，-113)，有害垃圾垃圾桶的坐标为(180，-113)。以可回收物垃圾桶为例，其程序如图 5-86 所示，其他三个垃圾桶只需修改坐标数值即可。游戏开始画面如图 5-87 所示。

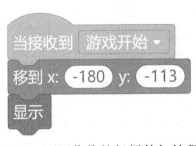

图 5-86　可回收物垃圾桶的初始程序　　图 5-87　游戏"垃圾分类"的初始画面

　　然后，设置垃圾的随机生成。游戏中共有 9 种垃圾，因此把随机数选取的范围设置为 1～9，使用积木 在 ① 和 ⑩ 之间取随机数 以实现随机数。当接收到消息"随机生成垃圾"后，通过多重条件判断积木对垃圾进行判断，当对一种垃圾的判断结束后，如果游戏没有结束，则应继续随机生成下一种垃圾，程序如图 5-88 所示。

(a) 随机生成垃圾的程序

(b) 随机生成下一种垃圾的程序

图 5-88　垃圾的随机生成

随后，编辑各个"垃圾"角色的显示、下落及与键盘交互的功能。

图 5-89 游戏开始时，角色"菜叶"隐藏

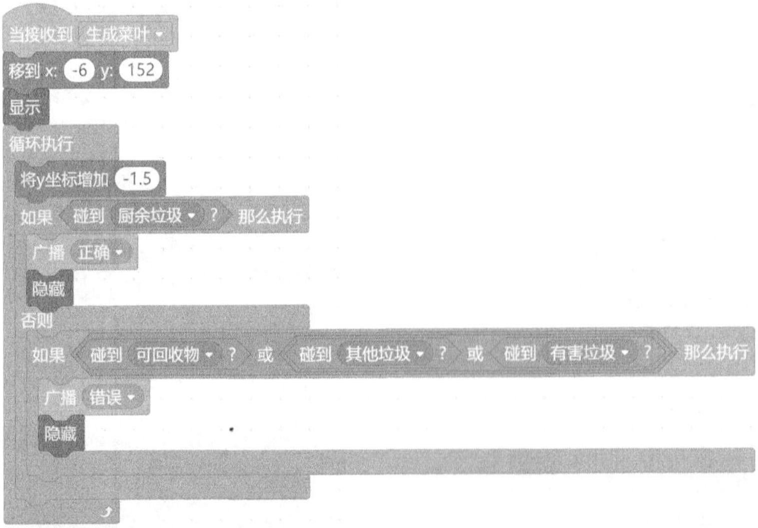

以角色"菜叶"为例，当游戏开始运行时，"菜叶"处于隐藏状态，程序如图 5-89 所示。当接收到广播消息"生成菜叶"后，菜叶从初始位置(-6，152)处开始以每秒移动 1.5 个单位的速度下落，并以是否投放到归类正确的垃圾桶为判断条件，当碰到厨余垃圾垃圾桶时，发出广播消息"正确"，当碰到其他垃圾桶时，发出广播消息"错误"，程序如图 5-90 所示。

图 5-90 角色"菜叶"下落及投放是否正确的条件判断

利用事件积木  当按下 空格▾ 键，当按下←键或→键时，垃圾向左或向右移动，当遇到舞台边缘时，向舞台中央移动 20 个单位，程序如图 5-91 所示，画面效果如图 5-92 所示。

(a) 向左移动      (b) 向右移动

图 5-91 控制角色"菜叶"的左右移动

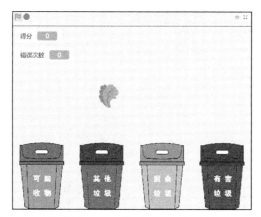

图 5-92　控制角色 "菜叶" 移动时的画面效果

设置投放 "正确" 与投放 "错误" 的提示功能, 当图标 "正确" 接收到广播消息 "正确" 时, 在舞台原点处显示该图标, 并播放音效。同时, 将变量 "得分" 的值增加 1, 设置变量 "正确" 的值为 1, 等待 1 秒后, 变量 "正确" 的值设置为 0, 当变量 "得分" 的值等于 20 时, 播放广播消息 "恭喜", 程序如图 5-93 所示, 画面效果如图 5-94 所示。

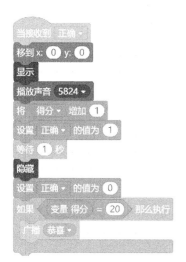

图 5-93　当垃圾投放正确时的
　　　　　程序

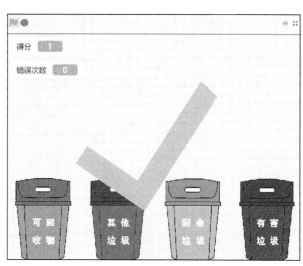

图 5-94　当垃圾投放正确时的画面效果

当图标 "错误" 接收到广播消息 "错误" 时, 在舞台原点处显示该图标, 并播放音效。同时, 将变量 "错误次数" 的值增加 1, 设置变量

"错误"的值为1，等待1秒后，变量"错误"的值设置为0，当变量"错误次数"的值等于3时，播放广播消息"失败"，程序如图5-95所示，画面效果如图5-96所示。

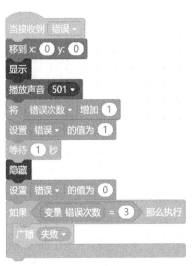

图5-95　当垃圾投放错误时的
　　　　　　程序

图5-96　当垃圾投放错误时的画面效果

　　设置游戏结束的画面，本游戏中游戏结束分为两种情况：情况一，玩家得分为20分时，游戏结束；情况二，当玩家错误次数达到3次时，游戏结束。

　　当情况一发生时，背景接收到消息"恭喜"，将背景切换到恭喜成功的画面，停止全部脚本，程序如图5-97所示，画面效果如图5-98所示。

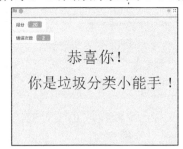

图5-97　游戏挑战成功的程序

图5-98　游戏挑战成功时的画面效果

　　当情况二发生时，背景接收到消息"失败"，将出现"加油，再试一次"的文字，停止全部脚本，程序如图 5-99 所示，画面效果如图 5-100 所示。

图 5-99　游戏挑战失败的程序　　　图 5-100　游戏挑战失败时的画面效果

## 5.2.2　教育游戏《海底猜谜》[①]

### 1. 游戏概述

玩家化身为潜水员进入海底世界，玩家通过单击移动的海底生物获得题目，每只海底生物带有不同的英文题目，玩家根据问题回答出对应的英文单词则可获得积分，每道题一次性答对可获得 10 分，需要通过提示才答对可获得 5 分，得分后可继续游览海底世界并单击其他海底生物继续答题。

### 2. 程序设计

首先，新建项目，导入角色和背景素材，创建场景。在角色库中，单击"上传角色"按钮 ⬆，将潜水员、海龟、电鳗、鲸鱼、水母、螃蟹和载人潜水器导入角色库并调整素材的大小，在背景库中，单击"上传背景"按钮 ⬆，导入海底素材，如图 5-101 所示。

---

① 首都师范大学学生游戏作品《海底猜谜》，学生：王雨欣、赵欣迪、陈潇滢；指导教师：乔凤天。

图 5-101　导入海底角色的素材

　　根据游戏需求，新建四个场景，分别为开始游戏界面、游戏规则界面、游戏界面和游戏结束界面。根据剧情所需，界面选择水下场景，使玩家在游戏中身临其境，如图 5-102 所示。

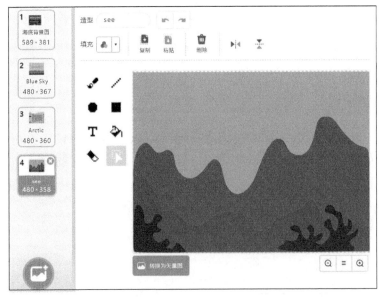

图 5-102　设置游戏场景

　　在开始游戏界面中，只显示一条小鱼和一只水母，其他角色均隐藏。当单击小鱼图片时，能进入游戏画面，程序如图 5-103 所示；当单击水母图片时，会跳转到游戏规则界面，程序如图 5-104 所示。

图 5-103　单击小鱼图片时的程序　　　图 5-104　单击水母图片时的程序

　　在游戏规则界面中，如图 5-105 所示，玩家可以阅读游戏规则，当单击水母图片时，界面会自动跳转到开始游戏界面，程序如图 5-106 所示。

图 5-105　游戏规则界面　　　　　图 5-106　单击水母图片后跳转到开始
　　　　　　　　　　　　　　　　　　　　　　游戏界面的程序

　　编写游戏前，设置两个变量"得分"和"广播"，并选择变量"得分"，使其在舞台区中可见。变量"得分"用于记录玩家答对题目所获得的相应分值。

　　当游戏开始时，玩家角色(潜水员)从左上角向中心移动，之后利用是否碰到鼠标指针这一判断条件,使玩家角色随鼠标位置的变化而移动，程序如图 5-107 所示。

　　当玩家单击海底生物角色时，该角色不再移动并弹出相应的题目，玩家答错则弹出提示，玩家答对则出现音效且该角色消失，玩家获得积分。当界面上的海底生物角色均消失时，玩家单击右下角结束游戏图标才能进入游戏结束界面。以鲸鱼为例，当游戏开始后，鲸鱼在画面中随意移动，当碰到边缘时就反弹，程序如图 5-108 所示。当鲸鱼被单击后，鲸鱼角色的其他脚本被停止，画面中弹出询问对话框，并提出问题"Which is the largest marine animal in the world?"，如图 5-109 所示。如果玩家回答出正确答案"whale"，弹出反馈文字框"Well done!"，并播放音乐，玩家获得 10 分；如果玩家回答错误，弹出反馈文字框"Not correct"，鲸鱼会再次游走，程序如图 5-110 所示。

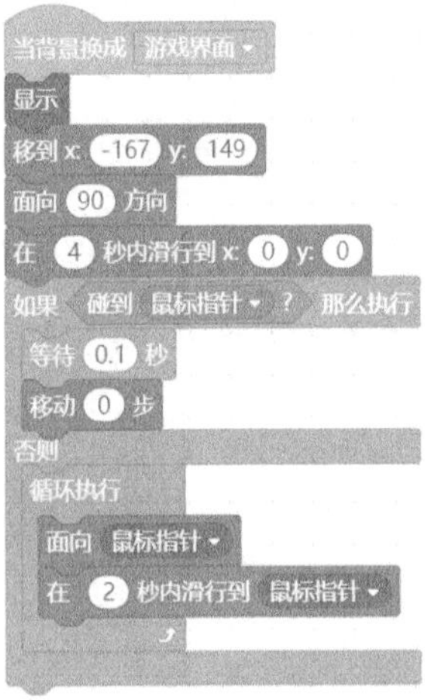

图 5-107　游戏开始后，玩家角色的程序 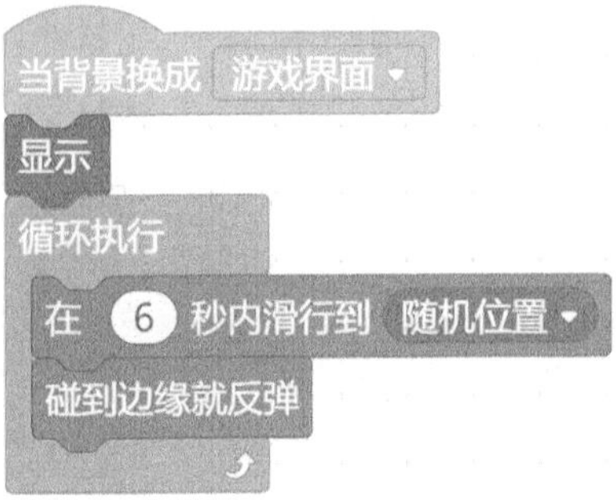　　　图 5-108　游戏开始后，鲸鱼的程序

图 5-109　单击鲸鱼时，弹出询问对话框

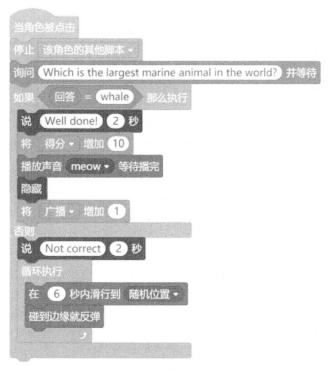

图 5-110　单击鲸鱼时的程序

# 第6章 游戏引擎

游戏引擎通过功能封装以及功能的整合管理，为游戏设计者提供了一种游戏开发软件。本章主要探讨游戏引擎的概念和演进，简要介绍RPG Maker、Unity 等具有代表性的游戏引擎，并列举游戏引擎"唤境"的应用实例。本章的结构图如图 6-1 所示。

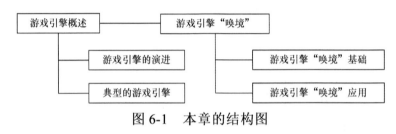

图 6-1　本章的结构图

## 6.1　游戏引擎概述

游戏引擎为游戏开发者提供了交互实时的游戏开发环境，由于游戏引擎已经进行了功能封装，游戏开发者无须再从零开始开发游戏。游戏引擎经过几十年的发展，涌现出 Quake、Unreal、Unity、RPG Maker 等多款有代表性的游戏引擎。

### 6.1.1　游戏引擎的演进

游戏引擎是一种用于制作游戏的软件，游戏开发人员可根据需求使用游戏引擎，游戏策划师能使用游戏引擎快速模拟游戏的核心玩法，游戏美术师能在游戏引擎中直观地编辑游戏场景，游戏程序员将各种要素通过游戏引擎进行整合，进而提升游戏制作的效率。

游戏开发公司 id Software 的 John D. Carmack 等于 1992 年开发出首款游戏引擎 Wolfenstein，并使用了一种射线追踪技术来渲染游戏内的物体，实现了 2.5D 的画面效果。在 Wolfenstein 引擎的基础上，id Software

公司推出了 DOOM 引擎，使具有 3D 加速功能的显卡能以更快的速度、更高的分辨率渲染出更好画质。1996 年，id Software 公司开发出即时 3D 游戏引擎 Quake，该引擎完全支持多边形模型、动态光源和粒子特效。Quake 引擎是一个基于 GPL 协议的游戏开发软件，任何游戏开发公司都可以使用 Quake 引擎开发游戏，但在游戏发售时需要缴纳一定金额的授权费，自此开启了游戏引擎的商业使用模式，降低了游戏开发的成本，很多游戏都通过这种方式进行开发，例如，Gabe Newell 创建的 Valve 公司基于 Quake 引擎开发出 GoldSrc 引擎。

在 id Software 公司的影响下，更多游戏公司投入游戏引擎的开发中，并结合自身所开发游戏的特点强化引擎的某些功能。

游戏开发公司 Epic Games 开发的 Unreal 引擎为 Windows、Xbox360、PlayStation 3 等平台提供了完整的游戏开发框架，为游戏美术人员和游戏程序人员构建了一个可视化的游戏开发环境。Unreal 引擎凭借其 HDR 光照、虚拟位移等新技术，能够创建动画电影级的视觉画面，给玩家带来极其逼真的游戏体验。

游戏开发公司 Volition Inc 开发的游戏引擎 Geo-Mod，能计算物理碰撞、物理反馈、物理形变、物理破裂等，当玩家使用手中的武器击打物体时，玩家能看到物体被即时破坏的效果。

游戏开发公司畅游开发的游戏引擎 Darkfire，则将渲染、动画、物理、粒子等进程拆分为相互独立的任务。

在游戏引擎 20 多年的发展历程中，今天主流游戏引擎 Anvil 、Unreal、Unity、Frostbite、Cry 等已经衍化成由图形引擎、物理引擎、数字声音系统、粒子系统、动画系统等构成的综合开发工具。图形引擎主要包括游戏中户外与室内场景的渲染与管理、角色模型动画的制作、光照和材质处理、粒子和烟雾等特效渲染、阴影和其他光线特效的渲染等。物理引擎用于在游戏中模拟真实世界中的碰撞、破碎、变形、重力、浮力、液体流动等物理现象。数字声音系统主要包括给定空间的声音处理、音源的设置、音乐特效的编辑等功能。粒子系统主要用于模拟水流、气体以及其他大量微小粒子的规律运动等物理现象。动画系统主要用于管理动画资源，更新当前需要变化的动画等。

此外，还有一些游戏引擎专门供游戏开发者开发 2D 游戏。例如，Cocos2D 引擎为 2D 游戏开发提供了图形渲染、图形用户界面(graphical user interface，GUI)、音频、网络、物理、用户输入等功能，RPG Maker 专门用于 2D 角色扮演游戏的开发，"唤境"则为编程能力弱的游戏开发者提供了可视化的游戏开发工具。

## 6.1.2　典型的游戏引擎

### 1. RPG Maker

RPG Maker，又称为 RPG 制作大师，是一款制作角色扮演游戏（role playing games，RPG）的游戏引擎，该引擎具有简洁的编辑系统，即使没有编程经验的开发人员也能轻松上手开发游戏。RPG Maker 最初是由游戏开发公司 ASCII 开发的，之后由游戏开发公司 Enterbrain Incorporation 接手并持续开发。目前，这款引擎有多个版本，如 RPG Maker 2000、RPG Maker 2003、RPG Maker XP、RPG Maker VX、RPG Maker VX Ace、RPG Maker MV 和 RPG Maker MZ。下面以 RPG Maker MV 为例，介绍 RPG Maker 的主要模块：地图编辑器、事件编辑器、数据库以及人物生成器。

RPG Maker MV 地图编辑器的界面简洁，如图 6-2 所示，游戏设计师选择需要的图标并放置在场景中的相应位置即完成地图的绘制，例如，游戏《趣味英语巧助人》中，开发者选取好地面、柜台、桌椅等素材后，利用地图编辑器创建出凡尔小镇活动室场景，如图 6-3 所示。RPG Maker MV 地图编辑器自带了很多图标素材，如室内的床、座椅、门窗等，户外的草地、树木、石块、栅栏等，地图编辑器将图标中的石块、围墙等坚硬的物体自动设定成能与玩家进行碰撞检测，以免出现不合乎常理的穿越现象。此外，游戏设计师可以根据游戏场景的需要自行设计图标素材。

事件编辑器主要用于编辑游戏角色与场景中其他事物的交互事件，如图 6-4 所示。事件编辑器自带的事件指令基本涵盖了游戏中大多数交互事件，如信息、游戏进程、角色、队伍、人物、图片、画面、音频、视频、场景、地图等事件指令，如图 6-5 所示。

图 6-2 RPG Maker MV 中的地图素材库

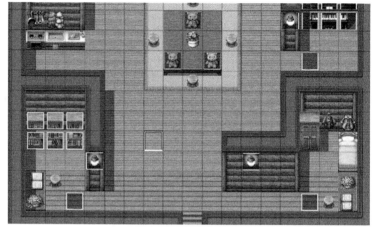

图 6-3 游戏《趣味英语巧助人》中凡尔小镇活动室场景

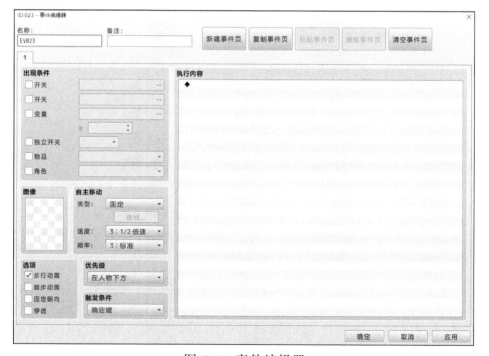

图 6-4 事件编辑器

图 6-5 事件指令

例如，在游戏《趣味英语巧助人》中的饮品店场景中有一个垃圾桶，当角色走近垃圾桶时，会出现一段文字，选择垃圾桶素材并右击垃圾桶，执行"编辑"命令，如图 6-6 所示，进入事件编辑器，新建一个事件，设置执行内容，在窗口底部显示文本"垃圾（rubbish）一定不能乱丢哦！"，如图 6-7 所示。

数据库包括的类别有角色、职业、技能、物品、武器、护甲、敌人、敌群、状态、动画、图块、公共事件、系统、类型和用语，这些类别中所有条目的任意一项数值均可设置，如图 6-8 所示，游戏设计师在设计数值时需使各游戏角色间的能力趋于平衡。

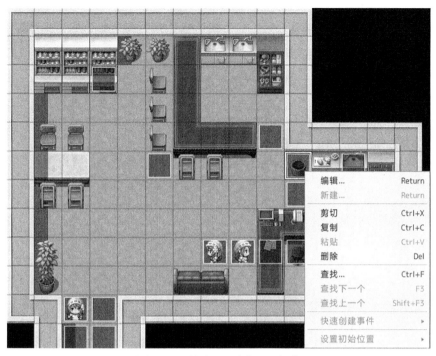

图 6-6 执行"编辑"命令

图 6-7 给垃圾桶添加交互事件

图 6-8　数据库

人物生成器可以使游戏设计师快速创建男性、女性和儿童三种类型的游戏角色，如图 6-9 所示。人物生成器中预置了角色的脸型、耳朵、

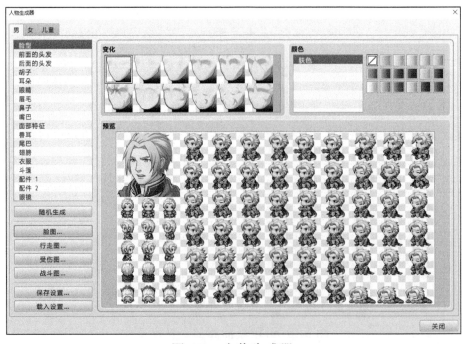

图 6-9　人物生成器

眼睛、眉毛、嘴巴、衣服、斗篷等角色造型元素，游戏设计师根据游戏角色设定进行组合，此外，还可以对角色的行走、战斗和受伤的状态进行设计。

## 2. Unity

Unity 是由 Unity Technologies 开发的实时 3D 互动内容制作引擎，可用于游戏开发、虚拟仿真、影视制作等，同时 Unity 也能用于 2D 交互内容的开发。Unity 具有跨平台性，能应用于 Windows 、Android、Mac OX、Will、Kinect 等平台。

Unity 引擎中包括地形系统、动画系统、物理系统、网络系统、混音器、图形用户界面等子系统，下面对部分子系统进行简要介绍。

在 Unity 的地形系统中，用户可以借助地形编辑器创建游戏地图，利用笔刷工具绘制植被、地面杂物、石头等，引擎还提供了丰富的纹理贴图和植物模型，便于设计者直接使用。

使用 Unity 的动画系统制作模型动画很方便，先导入一个模型，可以用 Animation 组件录制一段动画，也可以通过编程实现对模型动画的控制。此外，Unity 的动画混合树可以混合调用某个模型的走路、跑步、跳跃等多个动作状态。

利用 Unity 的物理系统进行物理模拟，需要为对象增加两个组件，即 Rigidbody 和 Collider。添加组件 Rigidbody 是为了模拟对象的行为，且添加该组件之后，该物体便不能再使用 transform 移动，而必须通过物理系统来模拟驱动效果。组件 Collider 定义了物体的形状，以便于进行碰撞模拟。如果想让物体以链条或者弹簧的形式连接，则要使用关节系统，通过铰链关节（hinge joint）和弹簧关节（spring joint）进行模拟。

Unity 联网功能的实现，首先要为物体添加网络管理器 Network Manager 组件，然后创建玩家预制件，为其添加 NetworkIndentity 组件，并选择客户端直接控制，接下来添加 NetworkTransform 组件来控制玩家位置信息，并修改脚本，使脚本中的类继承联网行为的父类，并且在客户端进行更新，判断是不是 LocalPlayer，将玩家预制件赋给 Player

Prefab，同时给玩家添加 NetworkAnimater 组件，最后删除玩家，测试联网功能。

　　用户可以利用 Unity 的音频混音器制作游戏音效，并通过编写脚本来控制音量及其效果。图形用户界面主要包含游戏中通常会用到的文本框、按钮、图片、滑块和滚动条等控件。

## 6.2　游戏引擎"唤境"

　　游戏引擎"唤境"是一款简单易用的可视化游戏开发软件，即使没有编程基础的开发者也能在游戏开发模板的引导下制作游戏。本节将简要介绍游戏引擎"唤境"及其开发游戏的基本方法。

### 6.2.1　游戏引擎"唤境"基础

#### 1. 游戏引擎"唤境"介绍及安装步骤

　　游戏引擎"唤境"是一款可视化的游戏制作软件，为开发者提供了平台跳跃、赛车、塔防、音游等多种游戏制作模板，支持 Windows、Android、Mac OX 等多个平台，游戏开发者无须具备编程知识，也能实现游戏开发。

游戏引擎"唤境"内置了智能游戏逻辑事件表，通过简单的触发条件与执行动作的互相组合，就能实现复杂游戏逻辑。此外，游戏引擎"唤境"给游戏开发者提供了进度条、背景素材、背景音乐等游戏组件，提升了游戏的制作效率。用户可以在游戏引擎"唤境"官网上找到计算机端的游戏编辑器和手机端的"唤境"APP。

　　从官网上下载软件后，双击.exe 安装执行文件，直接单击"一键安装"按钮，游戏引擎"唤境"便开始自行安装。当安装完成后，通过密码或手机验证码的方式注册并登录"唤境"引擎，如图 6-10 所示。

图 6-10　注册"唤境"引擎

## 2. 游戏引擎"唤境"的界面及功能介绍

在游戏引擎"唤境"的启动页中，用户可在"作品"面板中选择引擎所提供的游戏模板或新建空白项目，游戏引擎"唤境"的自带模板有方块消除模板、图片答题模板、消消乐游戏模板等。

在"学习"面板中，游戏引擎"唤境"为用户提供了组件引导教程，介绍了按钮、框、滑动条、进度条、虚拟摇杆、时间、概率、声音、分支选择、同类组等组件的使用方法。同时，用户可以在游戏制作教程的引导下，制作跑酷、AVG、打地鼠、解密、平台跳跃和塔防游戏，如图 6-11 所示。

图 6-11 "唤境"引擎中模板引导

在"素材"面板中，用户可以免费使用进度条，以及太空、沙漠、野外、森林、海底世界等游戏背景元素，如图 6-12 所示。

在"活动"面板中，用户可以参加游戏制作训练营、创作大赛、激励计划等活动。

在"广场"面板中，用户可以试玩其他游戏开发者通过"唤境"引擎开发的游戏。

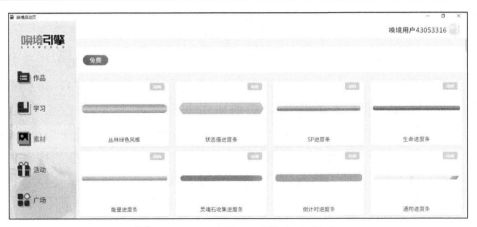

图 6-12 "唤境"引擎中素材库

当用户单击"作品"面板中新建作品的空项目时，弹出游戏界面的尺寸设置对话框，如图 6-13 所示。用户可自定义游戏的界面尺寸，也可以从预置中选择适宜手机移动端或 PC 端的界面尺寸，如图 6-14 所示。

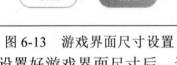

图 6-13 游戏界面尺寸设置　　　图 6-14 预置的游戏界面尺寸

设置好游戏界面尺寸后，进入游戏引擎"唤境"主界面，引擎主界面包括主菜单、工具栏、项目库、舞台、事件表和属性面板六部分，如图 6-15 所示。

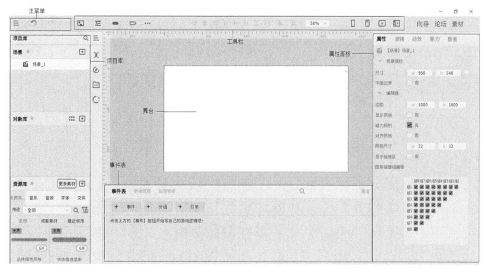

图 6-15　游戏引擎"唤境"主界面

主菜单含有"作品"、"帮助"和"编辑器设定"三个命令以及撤销操作"和"恢复操作"两个按钮。用户可以在"作品"命令中进行新建作品、打开本地作品、开启向导、保存作品、另存为新作品、作品设置、联网组件参数设置等操作，如图 6-16 所示；在"帮助"命令中，用户可以查询一些问题和开启新手引导等操作；在"编辑器设定"命令中，用户可以对自动保存、缓存、自动备份等功能进行设置。

工具栏主要提供了在游戏制作过程中经常使用到的功能按键，顶部快捷菜单可以划分为组件添加栏、位置调整栏、舞台尺寸调整和预览项目四部分，如图 6-17 所示。组件添加栏，可以在游

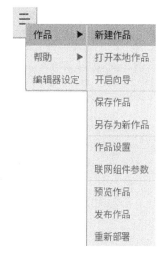

图 6-16　游戏引擎
"唤境"的主菜单

戏制作过程中添加精灵、文本、按钮、对话框，单击"其他组件"按钮可以添加更多种类的组件，如输入框、九宫格、进度条等。位置调整栏，可以调整组件的位置，包括左对齐、水平居中、右对齐、顶部对齐、垂直对齐等。舞台尺寸调整，可以放大或缩小舞台尺寸。预览项目，包括移动端预览、移动端单幕预览、预览和单幕预览。其中，单击"预览"按钮，可

以预览整个项目，单击"单幕预览"按钮，则只能预览当前编辑的场景。

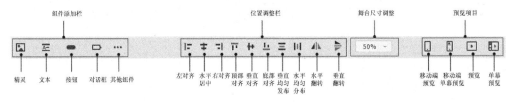

图 6-17　游戏引擎"唤境"的工具栏

项目库界面分为两大部分：左侧边栏以及右侧边栏。左侧边栏中包含场景、对象库和资源库，右侧边栏包括全局变量、全局事件表、同类组和分段加载，如图 6-18 所示。

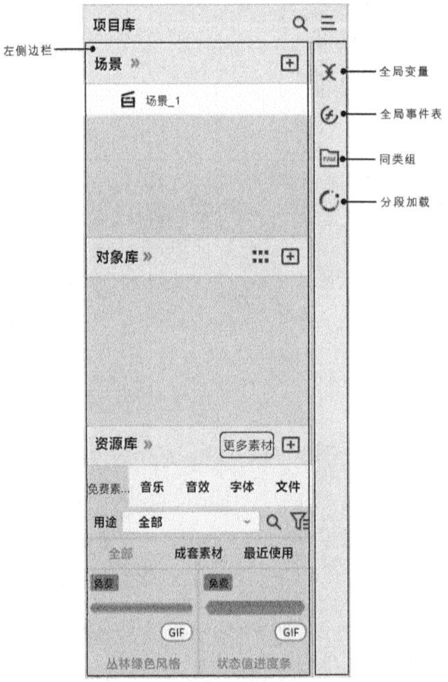

右侧边栏中的全局变量可以创建、克隆、删除项目中的全局表量；全局事件表用于新建、克隆、删除项目中的全局事件表；同类组能把一些对象当作一个整体进行处理，可以新建同类组、编辑同类组的名字、添加或删除想要放到同一组的对象，也可以重新编辑、删除和重命名同类组等；分段加载可以优化启动体验，减少玩家等待时常，降低内存占用，单击"开启分段加载"按钮，可以创建分段，将场景拖拽进分段中。

左侧边栏中的场景主要用于管理所有场景和场景中的实例，在"场景"面板中，用户可以通过单击"新建一个场景"按钮 ⊞ 创建新场景，对于创建好的场景，可以进行克隆、删除、重命名

图 6-18　游戏引擎"唤境"的项目库界面

等操作，如图 6-19 所示。

对象库能对游戏中所有的对象进行管理。在对象库中包括基础组件、UI 组件、数据组件、联网组件以及其他组件。基础组件中包含精灵、文本、按钮、动作组等组件；UI 组件中包含对话框、输入框、九宫格、美术字等组件；数据组件中包含数组、辞典、XML、本地储存、概率等组

件；联网组件包含 AJAX、分享组件；其他组件包含粒子、手柄等，如图 6-20 所示。

图 6-19 对新建场景进行操作　　　图 6-20 游戏引擎"唤境"的对象库

　　资源库用来管理游戏制作过程中使用到的所有外部资源，包括音乐、音效、字体和文件等，如图 6-21 所示。

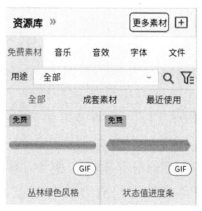

图 6-21 游戏引擎"唤境"的资源库

舞台区域能对游戏中所有关于美术、界面、文字等可视部分进行编辑。虚线矩形表示场景中的镜头大小，即游戏显示在屏幕上的区域。以游戏《俄罗斯方块》中的实例方块为例，如果要修改实例方块，用户选择实例方块后，其周围会显示调整大小的边框，直接拉伸边框可以更改实例大小，旋转可以调整实例角度，拖拽实例可以移动实例位置，如图 6-22 中所示。

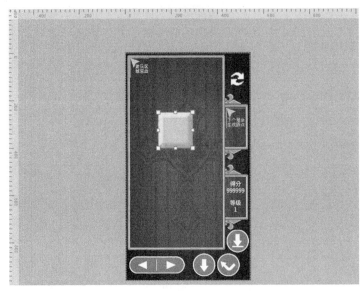

图 6-22　游戏《俄罗斯方块》中的实例方块

"属性"面板用于修改对象或实例的属性，也可以给它们赋予特效和一些特殊能力，包括属性、滤镜、动效、能力和数值。例如，游戏《俄罗斯方块》中的实例方块，用户还可以选择实例方块后在"属性"面板中修改相应的属性值，如图 6-23 所示。

事件表用于查看和编写游戏中的逻辑，游戏中所有数值计算、场景跳转、逻辑判断等，都需要通过事件表进行控制，设计者可通过单击"添加事件"按钮 + 事件 开始写自己的游戏逻辑。舞台上的美术素材是静态的，只有结合事件表进行控制，游戏才能动态运动。事件由两大部分组成，左边部分是条件，右边部分是动作。例如，游戏模板《俄罗斯方块》的场景开始运行时，下落方块、已有方块和过渡方块的分布情况均发生变化，如图 6-24 所示。

图 6-23　在"属性"面板中修改方块的位置和大小

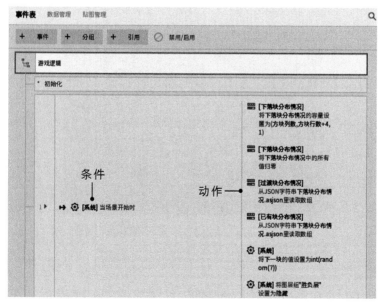

图 6-24　《俄罗斯方块》的游戏逻辑

## 6.2.2 游戏引擎"唤境"应用

### 1. 游戏《拆弹专家》

1) 游戏概述

游戏《拆弹专家》是一款双人合作的逻辑推理游戏, 玩家通过双人合作, 一个人描述出红、白、蓝、黄、黑五种颜色的炸弹导线的连接状态并在同伴的指示下剪断导线, 如图 6-25 所示, 另一个人根据拆弹手册上的拆线规则并结合同伴对导线连接状态的描述, 推理出需要剪断的导线, 如图 6-26 所示, 如果剪断正确颜色的导线就获得胜利, 否则挑战失败。

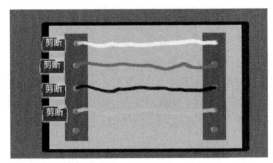

图6-25彩图

图 6-25　游戏《拆弹专家》的关卡

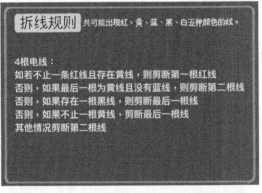

图 6-26　游戏《拆弹专家》的拆线规则

2) 游戏制作

游戏共有 12 个关卡, 从三种颜色的导线开始, 随着导线数量和颜色的增多，任务难度也越来越大。玩家开始游戏后，闯关成功，游戏自动进入下一关，如果闯关失败可重新挑战本关。

以第一关为例，首先，新建项目，将制作好的游戏开始界面、闯关成功界面、闯关失败界面、按钮图标以及各关卡背景的美术素材以精灵的形式引入对象库中，如图 6-27 所示。

其次，连续单击四次"新建一个场景"按钮 ⊞，将新创建的四个场景分别重命名为"拆弹游戏开始界面""关卡 1""关卡 1 闯关成功""关卡 1 闯关失败"，如图 6-28 所示。

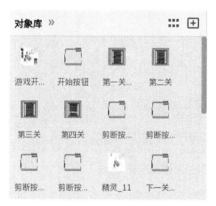

图 6-27　将各种美术素材引入对象库

图 6-28　新建场景并重新命名

然后，将美术素材摆放到各个场景中。例如，在"关卡 1"场景中，引入按钮素材和关卡 1 的背景素材，并移动按钮素材的位置，使其位于导线的左侧，如图 6-29 所示。

最后，编写游戏逻辑。进入场景"拆弹游戏开始界面"，在事件表中，创建系统事件，设置系统条件为"当场景开始时"，声音的执行动作为"以 100%音量循环播放音频初始界面"；创建按钮事件，设置按钮条件为"当开始按钮被点击时"，系统的执行动作为"跳转到'关卡 1'场景"，声音的执行动作为"停止播放所有音频"，如图 6-30 所示。

在场景"关卡 1"中，主要对三个"剪断"按钮进行事件编写，根据三条导线的拆线规则，当剪断白色导线时，拆弹成功。选择白色导线所对应"剪断按钮 2"，然后创建事件，设置按钮的条件为"当剪断按钮 2 被点击时"，声音的执行动作为"以 100%音量单次播放音频咔嚓"，系统的执行动作为"跳转到'关卡 1 闯关成功'场景"。对于黄色和蓝色导线所对应的"剪断按钮 1"和"剪断按钮 3"，设置它们的条件为当剪断按钮被点击时，系统的执行动作为"跳转到'关卡 1 闯关失败'场景"，声音的执行动作为"以 100%音量单次播放音频爆炸音效"，如图 6-31 所示。

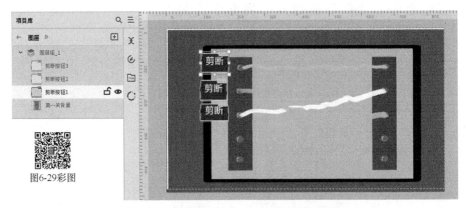

图 6-29　设置关卡 1 中的美术素材

图 6-30　场景"拆弹游戏开始界面"的游戏逻辑

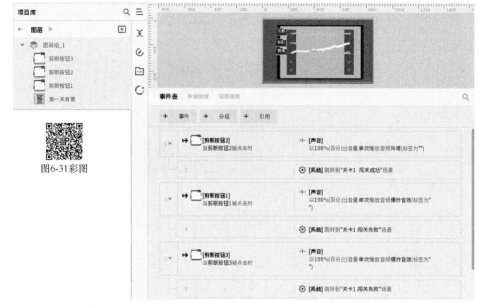

图 6-31彩图

图 6-31 拆弹游戏关卡 1 的游戏逻辑

在场景"关卡 1 闯关成功"中，主要对"下一关按钮"进行事件编写。设置条件为"当下一关按钮被点击时"，系统的执行动作为"跳转到'关卡 2'场景"，如图 6-32 所示。

图 6-32 场景"关卡 1 闯关成功"的游戏逻辑

在场景"关卡 1 闯关失败"中，主要对"再来一次"按钮进行事件编写。设置条件为"当再来一次按钮_12 被点击时"，系统的执行动作为"跳转到'关卡 1'场景"，如图 6-33 所示。

图 6-33　场景"关卡 1 闯关失败"的游戏逻辑

2. 游戏《旋转拼图》①

1）游戏概述

游戏《旋转拼图》是一款休闲益智类拼图游戏，通过旋转被分割为若干块的中国传统乐器图像，使图像按照正确的顺序摆放，恢复乐器本来的样貌，并加入该乐器演奏的乐曲作为背景音乐，同时辅以该乐器详细的文字介绍，有助于加强儿童对于传统乐器的认识，如图 6-34 所示。

2）游戏制作

当玩家在开始界面中单击"开始游戏"按钮即可进入图鉴界面，在图鉴界面中共呈现七个游戏关卡，玩家可以按顺序闯关，也可以跳关。在每一个关卡中，玩家闯关成功后，可以选择阅读乐器的详细介绍，还可以继续挑战下一关或返回图鉴界面选择其他关卡。该游戏一共有七关，其中第一关的拼图块数量为 4 块，是最简单的关卡，第二关～第五关拼图块数量为 9 块，是中等难度关卡，第六关和第七关拼图块数量为 16块，是最难关卡。每个关卡中设置两个图层，图层一为游戏区域，图层

―――――――――――――――

① 首都师范大学学生游戏作品《旋转拼图》，学生：杨玉婷、耿曼、石月姮；指导教师：乔凤天。

二为乐器介绍区域，进入关卡后会自动播放相应乐器所演奏的乐曲。

图 6-34　游戏《旋转拼图》的第五关"唢呐"

以图鉴界面和第一关为例。首先，新建项目，将制作好的拼图素材、游戏开始界面、图鉴界面等美术素材以精灵的形式引入对象库中，如图 6-35 所示。

其次，连续单击三次"新建一个场景"按钮 ⊞，将新创建的三个场景分别重命名为"开始界面"、"图鉴"和"关卡 1"，如图 6-36 所示。

再次，设计游戏开始界面。将精灵"游戏开始界面"和按钮"开始游戏"引入舞台中并调整位置。编写"游戏开始界面"的逻辑，在舞台中双击"开始游戏"按钮，设置按钮条件为"当开始游戏被点击时"，系统的执行动作为"跳转到'图鉴'场景"，如图 6-37 所示。

图 6-35　在对象库中引入游戏《旋转拼　图 6-36　新建游戏《旋转拼图》场景并
　　　　　图》的美术素材　　　　　　　　　　　命名

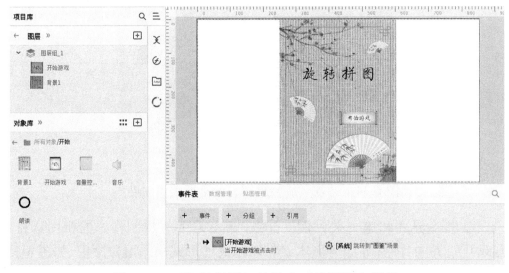

图 6-37　《旋转拼图》的游戏开始界面和逻辑

　　然后，设计场景"图鉴"。新建背景精灵、七个关卡图鉴精灵、返回开始界面按钮、清空记录按钮以及游戏规则的文字，如图 6-38 所示。

　　编写场景"图鉴"的游戏逻辑。该场景需要实现单击"返回"按钮可以返回到开始界面、单击不同的关卡图片可跳转到相应的关卡场景、在关卡通关后相应图鉴应点亮等功能。此外，单击"清空记录"按钮后所有关卡图片由彩色变为黑白色。

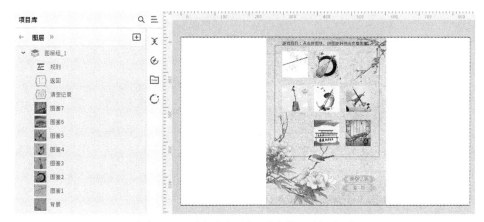

图 6-38　设计场景"图鉴"的界面

在事件表中，创建系统事件，设置系统条件为"当场景开始时"，本地储存的执行动作为"检测条目'图鉴数组'是否存在"。创建按钮事件，设置"清空记录"按钮的条件为"当清空记录被点击时"，本地储存的执行动作为"清除储存"，系统的执行动作为"重启当前场景"；设置"返回"按钮的条件为"当返回被点击时"，系统的执行动作为"跳转的'开始界面'场景"。创建本地储存的条件为"当条目'图鉴数组'存在时"，本地储存的执行动作为"获取键'图鉴数组'的值"，数组的执行动作为"从 JSON 字符串本地储存.itemvalue 里读取数组"。创建鼠标触屏操作的条件为"当单击对象图鉴时"，系统的执行动作为"跳转到图鉴、关卡编号场景"，如图 6-39 所示。

最后，设计关卡 1。关卡 1 有两个图层组，图层组一呈现的是游戏区域，在该区域中将 4 块拼图块设置为按钮，每个按钮赋予不同的朝向设定值，当单击拼图块时，拼图块顺时针旋转 90°，只有当所有拼图块的拼图朝向成为设定值时，才算拼图完成，如图 6-40 所示。图层组二中呈现的是乐器介绍，当单击"朗读"按钮时，会有语音阅读，当单击"返回"按钮时，图层组二"乐器介绍"隐藏，并返回图层组一，如图 6-41 所示。

编写图层组一中的游戏逻辑，在事件表中，创建系统事件，设置系统条件为"当场景开始时"，声音的执行动作为"循环播放音频箫"，系统的执行动作为"隐藏图层组二"，文字的执行动作为"将图层组'图层组_2'设置为隐藏"，拼图的执行动作为设置 $X$、$Y$ 坐标，如图 6-42

所示。

图 6-39　场景"图鉴"的游戏逻辑

图 6-40　游戏《旋转拼图》第一关的图　　图 6-41　游戏《旋转拼图》第一关的图
　　　　　层组一　　　　　　　　　　　　　　　　层组二

图 6-42　图层组一中的系统对应的条件和动作

声音的条件为"当音乐被选中(取消)时"，音量控制滑动条的执行动作为"显示(隐藏)音量控制滑动条"，其子条件为"当音量控制滑动条的值发生变化时"，声音的执行动作为"设置'箫音乐'音量为默认音量的音量控制滑动条.progress%"，系统的执行动作为"将音量的值设置为音量控制滑动条.progress"，如图 6-43 所示。

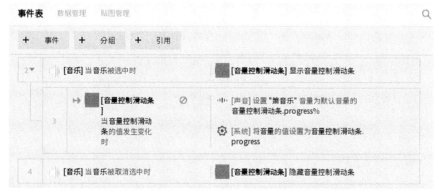

图 6-43　图层组一中的音乐对应的条件和动作

"详细介绍"按钮的触发条件为"当详细介绍被点击时"，系统的执

行动作为"将图层组'图层组_2'设置为可见";"返回图鉴"按钮的
触发条件为"当返回图鉴被点击时",系统的执行动作为"跳转到'图
鉴'场景",声音的执行动作为"停止播放所有音频";"下一关"按
钮的触发条件为"当下一关被点击时",系统的执行动作为"跳转到'2'
场景",声音的执行动作为"停止播放'箫音乐'",如图 6-44 所示。

图 6-44　图层组一中的按钮对应的条件和动作

拼图块对应的条件为当每个按钮达到朝向设定值时,"详细介绍"
按钮和"返回图鉴"按钮以及"恭喜通关"文字都显示出来,声音的执
行动作为"以 60%音量单次播放音频通关",本地储存的执行动作为"将
键'图鉴数组'设置为图鉴解锁.asjson",如图 6-45 所示。

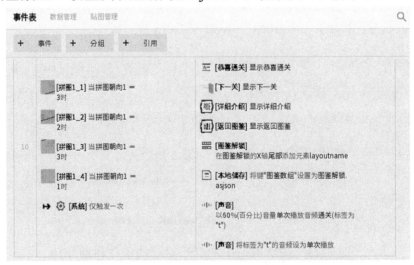

图 6-45　图层一中的拼图块对应的条件和动作

　　图层组二中的游戏逻辑：当单击"朗读"按钮时，声音的执行动作为"以音量+70%音量单次播放音频介绍箫"；当单击"返回"按钮时，系统的执行动作为"将图层组'图层组_2'设置为隐藏"，声音的执行动作为"停止播放'介绍箫'"，如图6-46所示。

图 6-46　图层组二中的游戏逻辑

# 参 考 文 献

[1] 席勒. 席勒经典美学文论[M]. 范大灿, 等译. 北京: 生活·读书·新知三联书店, 2015: 267.

[2] 约翰·赫伊津哈. 游戏的人: 文化中游戏成分的研究[M]. 何道宽, 译. 广州: 花城出版社, 2007: 145.

[3] 伽达默尔. 真理与方法[M]. 洪汉鼎, 译. 北京: 商务印书馆, 2007: 34.

[4] 杨宁. 皮亚杰的游戏理论[J]. 学前教育研究, 1994, (1): 12-14.

[5] 黄石, 丁肇辰, 陈妍洁. 数字游戏策划[M]. 北京: 清华大学出版社, 2008: 10-11.

[6] FULLERTON T. 游戏设计梦工厂[M]. 潘妮, 陈潮, 宋雅文, 等译. 北京: 电子工业出版社, 2016: 16-18, 48-49.

[7] ADAMS E, ROLLINGS A. 游戏设计基础[M]. 王鹏杰, 董西广, 霍建同, 译. 北京: 机械工业出版社, 2009: 3.

[8] CRAWFORD C. The art of computer game design[M]. New York: Mcgraw-Hill Osborne Media, 1984: 1-3.

[9] 解书琪. 论网络游戏中的"世界观"——以欧美奇幻类角色扮演网络游戏为例[D]. 苏州: 苏州大学, 2019: 12-13.

[10] JUUL J. Introduction to game time[M]//Wardrip-Fruin N, Harrigan P. First Person: New Media as Story, Performance, and Game. New York: MIT Press, 2004: 131.

[11] 扎克·海维勒. 游戏设计入门[M]. 孙懿, 译. 北京: 人民邮电出版社, 2020: 132.

[12] 恽如伟, 董浩. 网络游戏策划教程[M]. 北京: 机械工业出版社, 2009: 22-37.

[13] 黄石. 数字游戏设计[M]. 北京: 清华大学出版社, 2018: 25-26, 87.

[14] 张帆. 游戏策划与设计[M]. 北京: 清华大学出版社, 2016: 154-168, 131-135 .

[15] 孙丽. 经典软件开发模型综述[J]. 产业与科技论坛, 2014, 13(15): 94-95 .

[16] MACKLIN C, SHARP J.游戏迭代设计: 概念、制作、拓展全程细则探秘[M]. 张臻珍, 张可天, 章书剑, 译. 北京: 电子工业出版社, 2017: 197-216

[17] HUNICKE R, LEBLANC M, ZUBEK R. MDA: a formal approach to game design and game research[C]. Proceedings of the Challenges in Games AI Workshop, Nineteenth National Conference of Artificial Intelligence. San Jose, 2004: 2-50.

[18] WALK W, GÖRLICH D, BARRETT M. Design, dynamics, experience (DDE): an advancement of the MDA framework for game design[M]//Korn O, Lee N. Game Dynamics-Best Practices in Procedural and Dynamic Game Content Generation. Cham: Springer International Publishing AG, 2017: 27-45.

[19] CSIKSZENTMIHALYI M. Flow: the psychology of optimal experience[M]. New York: Harper Collins Publishers, 1991: 42-60.

[20] 约瑟夫·坎贝尔.英雄之旅[M]. 黄珏苹, 译. 杭州: 浙江人民出版社, 2017: 21-54.

[21] VOGLER C. 作家之旅: 源自神话的写作要义. 3 版[M]. 王翀, 译. 北京: 电子工业出版社,

2011: 193-217.

[22] AMORY A, SEAGRAM R. Educational game models: conceptualization and evaluation[J]. South African Journal of Higher Education , 2003, 17(2): 206-217.

[23] KIILI K. Digital game-based learning: towards an experiential gaming model[J]. The Internet and Higher Education, 2005, 8(1): 13-24.

[24] 宋敏珠, 章苏静. EFM 教育游戏设计模型构建[J]. 中国电化教育, 2009, (1): 24-27.

[25] GUNTER G A, KENNY R F, VICK E H. Taking educational games seriously: using the RETAIN model to design endogenous fantasy into standalone educational games[J]. Educational Technology Research and Development, 2008, 56(5/6): 511-537.

[26] HOUSER R, DELOACH S. Learning from games: seven principles of effective design[J]. Technical Communication, 1998, 45(3): 319-329.

[27] 董哲哲. 教育游戏用户体验评价体系的构建研究[D]. 南京: 南京师范大学, 2013: 30-32.

[28] 崔国强, 王小雪, 刘炬红, 等. 学习、设计与技术——AECT 2014 年会评述与思考[J]. 远程教育杂志, 2015, 33(1): 5-6.

[29] JONES M G. Creating electronic learning environments: games, flow, and the user interface[C]. Association for Educational Communications and Technology (AECT) Sponsored by the Research and Theory Division. Louis, 1998: 19-63.

[30] 黄硕. 视频游戏音乐发展的阶段性探析[D]. 南昌: 江西财经大学, 2009.

# 后　记

本系列教材是首都师范大学招生就业处双创教育教学的研究成果，首都师范大学招生就业处提出，高等师范院校对"未来教师"的双创教育不同于理工类、综合类院校，是以"创·课"教育为核心的。"创"的实质是培养师范生具有创客精神、探索意识、应用科技技能，掌握数字化教学技术，具备动手实作能力。"课"的实质是培养师范生掌握创客、STEM 等创新教学方法及课程设计能力。以"创·课"为核心的"未来教师"双创教育既是高等师范院校结合实际做出的富有意义的新探索，又有利于促进高等师范院校进行专业教育与就业教育的融合，同时，为中小学培养教师后备人才。

本书是在首都师范大学招生就业处臧强处长的领导下，在首都师范大学招生就业处刘锐副处长、祝杨军老师、黄丹老师、王婧潇老师的具体指导下，由首都师范大学教育学院教师乔凤天主持，联合高等院校、中小学、企业界、众多校外教育专家、学者和一线教师共同完成的，是集体智慧的结晶。

特别感谢首都师范大学孙彤老师，感谢首都师范大学教育学院张增田书记、蔡春院长、乔爱玲副院长等领导以及教育学院同事的指导和支持。同时，感谢浙江传媒学院的张帆老师，中国传媒大学的扈文峰老师、陈京炜老师、崔蕴鹏老师、韩红雷老师、王巍寅老师，北京师范大学的蒋希娜老师，北京化工大学的蒋蕊老师的帮助，并向新华文轩李翔、浙江星飞信息技术有限公司的王硕表示感谢。在本书撰写过程中，借鉴了国内外相关学者的研究成果，在此一并表示诚挚的感谢！

由于作者水平有限，书中疏漏和不妥之处在所难免，欢迎广大读者批评指正。作者邮箱：630727116@qq.com。

乔凤天

2022 年 3 月